高等教育工程管理专业系列教材

安装工程计量与计价
实例教程

霍海娥　编著

科学出版社

北　京

内 容 简 介

本书以案例教学法为主导,针对安装工程的九个主要系统工程进行工程量清单计量与计价文件编制方法及编制程序的介绍。本书涉及给水排水工程、消防工程、通风与空调工程、工业管道工程、建筑照明系统工程、建筑防雷接地系统工程、电视电话系统工程、综合布线系统工程、火灾自动报警及消防联动工程计量与计价。每个专业工程项目包括工程概况与设计说明、工程量计算方法、工程量清单与计价文件编制等主要内容。

本书可作为本科或专科工程管理专业、建筑设备工程技术专业及相关专业实践课程的教学用书,也可作为工程造价从业人员自学、进修、培训的参考用书。

图书在版编目(CIP)数据

安装工程计量与计价实例教程/霍海娥编著. —北京:科学出版社,2020.3

(高等教育工程管理专业系列教材)

ISBN 978-7-03-064565-4

Ⅰ. ①安⋯ Ⅱ. ①霍⋯ Ⅲ. ①建筑安装-工程造价-高等学校-教材 Ⅳ. ①TU723.3

中国版本图书馆 CIP 数据核字(2020)第 036639 号

责任编辑:万瑞达 / 责任校对:王万红
责任印制:吕春珉 / 封面设计:曹 来

科 学 出 版 社 出版
北京东黄城根北街 16 号
邮政编码:100717
http://www.sciencep.com
铭浩彩色印装有限公司 印刷

科学出版社发行 各地新华书店经销
*
2020 年 3 月第 一 版 开本:787×1092 1/16
2020 年 3 月第一次印刷 印张:12 1/4
字数:296 000
定价:29.00 元
(如有印装质量问题,我社负责调换〈铭浩〉)
销售部电话 010-62136230 编辑部电话 010-62130874(VA03)

前　言

本书根据工程管理专业的人才培养目标、"建筑安装工程计量与计价"课程实训教学大纲及实训的特点和要求，以《建设工程工程量清单计价规范》（GB 50500—2013）、《通用安装工程工程量计算规范》（GB 50856—2013）和《四川省建设工程工程量清单计价定额——通用安装工程》（2015）为依据，设计了大量案例来阐述清单项目和定额子目之间的区别与联系。

本书遵循工程量清单计量与计价的步骤和程序，以案例教学法为主导，采用真题练习的方式进行实训内容组织。通过每个专业工程计量与计价实训文件的编制，不断重复工程量清单和计价文件的编制方法和程序，由易到难，由单一到综合，不断强化训练效果，最终实现实训课程的知识目标和能力目标。本书详细介绍给水排水工程、消防工程、通风与空调工程、工业管道工程、建筑照明系统工程、建筑防雷接地系统工程、电视电话系统工程、综合布线系统工程、火灾自动报警及消防联动工程的工程量清单和计价文件的编制方法和程序，对清单项目的组价进行了大量示范和说明。本书按系统划分来设计教学，层次分明，体现知识点的系统性和完整性，以培养学生的知识获取能力、专业技术能力和动手操作能力。本书紧跟时代发展要求，以综合布线工程为例介绍增值税模式下计价文件的编制方法，可供读者参考。

本书由霍海娥编著。在编著本书的过程中，成都航空职业技术学院的覃文秋老师提出了许多宝贵意见，并参与了编写，马乙心、彭梦瑶、吴章敏、吴宇琳、吴虹霓、颜静、冯诗涵、罗琪和洪俊鹏同学为本书的完稿做了大量资料收集和图表整理工作，这里一并表示感谢！

本书的案例仅代表作者对规范和定额的理解。由于水平有限，书中不足之处在所难免，恳请广大读者批评指正，作者不胜感激。

作　者

2019 年 9 月

目　录

给水排水工程计量与计价实例

1.1 某车间公共卫生间给水排水工程计量与计价实例

1. 工程概况与设计说明

1）本工程为某车间二层公共卫生间的给水排水工程，无地下室，按照现行的施工及验收规范进行施工，现场施工条件正常。

2）给水管道采用无规共聚聚丙烯（PP-R）塑料给水管，$PN=1.25$MPa，热熔连接，给水管道明装。

3）排水管道采用硬聚氯乙烯（U-PVC）塑料排水管，承插粘接，不考虑横向排水管坡度。

4）给水管道穿过外墙时应设置刚性防水套管，穿过内墙、楼板时应设置钢套管，一层楼板不设钢套管。

5）排水管道穿过外墙时应设置钢套管，穿过屋面时应设置刚性防水套管。$DN \geqslant 100$mm的排水管穿楼板（一层楼板除外）及屋面处均需设置阻火圈。

6）给水管道上的阀门：$DN \geqslant 50$mm 时，采用 Z15T-10 型闸阀；$DN < 50$mm 时，采用 J11T-10 型截止阀。

7）卫生设备全部安装到位并达到使用要求，蹲便器为无挡型，$DN25$ 延时自闭阀冲洗；面盆为有沿台式面盆，水龙头为 $DN15$ 镀铬水龙头；小便器为挂式小便器，$DN15$ 延时自闭阀冲洗；地漏为 $DN50$ 带水封地漏；水表为水平旋翼式水表 LXS-65E，连接方式为螺纹连接。

8）相关工程图中标高以 m 计，其他尺寸以 mm 计；给水管标高以管中心计，排水标高以管底计。

9）所有墙体均按砖墙考虑，厚度为 200mm，钢套管均按大于穿过管道公称直径两级的规格设置。

10）PP-R 塑料给水管采用型钢支架，共计 40 副，每副支架的质量为 1.5kg。PP-R 塑料给水管管径对照表见表 1.1。

表 1.1 PP-R 塑料给水管管径对照表

管道规格	De20	De25	De32	De40	De50	De63	De75	De90	De110
公称直径/mm	15	20	25	32	40	50	65	80	100

某车间公共卫生间给水系统如图 1.1 所示，给水排水详图如图 1.2 所示，排水系统如图 1.3 所示和图 1.4 所示。

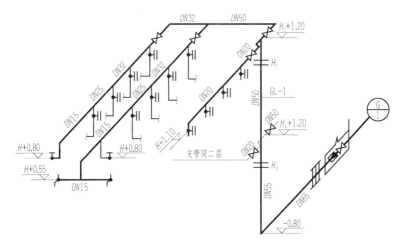

图 1.1 某车间公共卫生间给水系统

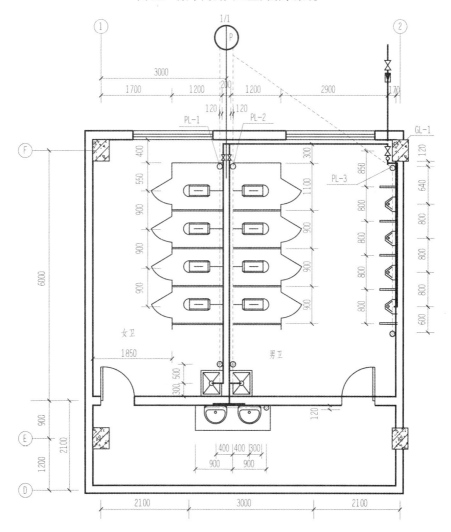

图 1.2 某车间公共卫生间给水排水详图

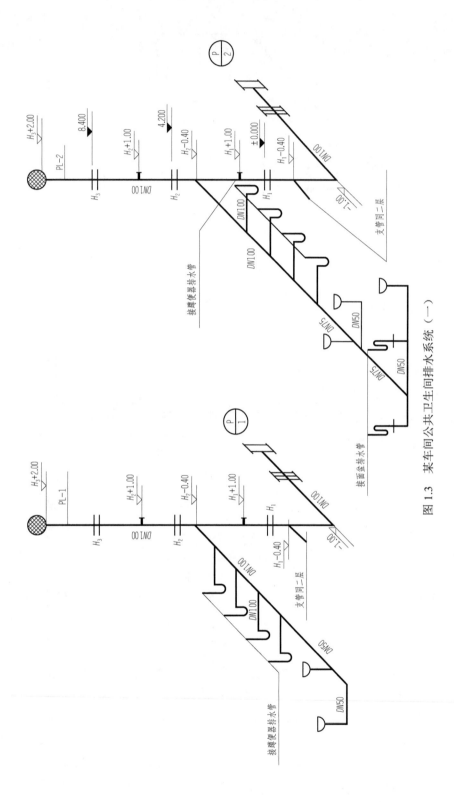

图 1.3　某车间公共卫生间排水系统（一）

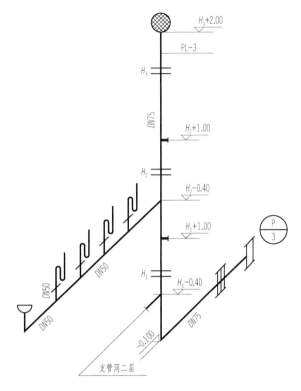

图 1.4　某车间公共卫生间排水系统（二）

2．工程量计算

给水排水工程量计算见表 1.2。

表 1.2　给水排水工程量计算

序号	项目名称	单位	工程量	计算式
1	室内 PP-R 塑料给水管 De75（DN65）热熔连接	m	3.7	水表中心至GL-1水平段3.4 / 2 + 垂直段[1.2 − (−0.8)] = 1.7 + 2 = 3.7
2	室内 PP-R 塑料给水管 De63（DN50）热熔连接	m	12.4	垂直段4.2 + 水平横支管[0.6 / 2 + (轴线距4.2 − 半柱厚0.2 − 半墙厚0.1 − 管中心距墙边0.05×2)]×2层 = 12.4
3	室内 PP-R 塑料给水管 De40（DN32）热熔连接	m	11	男卫生间支管与女卫生间支管间水平管： 墙厚0.2 + 管中心距墙边0.05×2 = 0.3 男卫生间支管至第三个蹲便器： (0.3 − 0.05) + 0.55 + 0.9×2 = 2.6 女卫生间支管至第三个蹲便器：2.6 小计：(2.6×2根 + 0.3)×2层 = 11
4	室内 PP-R 塑料给水管 De32（DN25）热熔连接	m	3.6	第三个蹲便器至第四个蹲便器： 0.9×2根×2层 = 3.6
5	室内 PP-R 塑料给水管 De25（DN20）热熔连接	m	7.12	男卫生间小便器支管： (0.6 / 2 + 绕柱0.2 / 2 + 0.12 + 0.64 + 0.8×3)×2层 = 7.12

序号	项目名称	单位	工程量	计算式
6	室内 PP-R 塑料给水管 $De20$（$DN15$）热熔连接	m	11.14	男卫生间支管第四个蹲便器之后至面盆： [6+1.2－2.1＋半墙厚0.1＋0.12－(1.1＋0.9×2＋0.9/2)＋至拖布池垂直段(1.2－0.8)＋至面盆垂直段(1.2－0.55)＋面盆横管0.4×2)]×2层＝7.64 女卫生间支管第四个蹲便器之后至面盆： [6+1.2－2.1－半墙厚0.1－0.3－(1.1＋0.9×2＋0.9/2)＋至拖布池垂直段(1.2－0.8)]×2层＝3.5 小计：7.64＋3.5＝11.14
7	水表 $DN65$	组	1	1
8	闸阀 $DN50$	个	2	1×2
9	截止阀 $DN32$	个	4	2×2
10	截止阀 $DN20$	个	2	1×2
11	支架	kg	60	1.5×40＝60
12	室内 U-PVC 塑料排水管 $De110$（$DN100$）粘接	m	61	PL-1、PL-2 立管： [立管至检查井中心3＋立管(8.4＋2)－(－1)]×2＝28.8 PL-1、PL-2 横管： (0.55＋0.9×3＋量取0.8×4＋至地面0.4×4)×2层×2＝32.2 小计：28.8＋32.2＝61
13	室内 U-PVC 塑料排水管 $De75$（$DN75$）粘接	m	20.84	PL-2 横管： [6+1.2－2.1＋半墙厚0.1＋0.12－(1.1＋0.9×2＋0.9/2)]×2层＝3.94 PL-3 立管： 立管至检查井中心5.5＋立管(8.4＋2)－(－1)＝16.9 小计：3.94＋16.9＝20.84
14	室内 U-PVC 塑料排水管 $De50$（$DN50$）粘接	m	23.38	PL-1 横管： [6+1.2－2.1－半墙厚0.1－拖布池中心至墙边0.3－(1.1＋0.9×2＋0.9/2)＋拖布池水平段0.3＋立支管0.4×2]×2层＝4.9 PL-2 横管： (0.3＋0.4×2＋0.5＋0.4×5)×2层＝7.2 PL-3 横管： (0.64＋0.8×3＋0.6＋0.4×5)×2层＝11.28 小计：4.9＋7.2＋11.28＝23.38
15	刚性防水套管 $DN65$	个	1	1 引入管穿外墙处
16	刚性防水套管 $DN100$	个	2	1+1PL-1、PL-2 穿屋面处
17	刚性防水套管 $DN75$	个	1	1PL-3 穿屋面处
18	穿墙钢套管 $DN150$	个	2	1+1PL-1、PL-2 穿外墙处
19	穿墙钢套管 $DN125$	个	1	1PL-3 穿外墙处
20	穿楼板钢套管 $DN80$	个	1	1 立管 $DN50$ 穿二层楼板处
21	穿墙钢套管 $DN50$	个	2	1×2DN32 支管穿男、女卫生间隔墙
22	穿墙钢套管 $DN25$	个	2	1×2DN15 支管穿男卫生间与前室隔墙
23	阻火圈 $De110$	个	4	2×2PL-1、PL-2
24	蹲便器	组	16	2×4×2
25	小便器	组	8	4×2
26	面盆	组	4	2×2
27	地漏 $DN50$	组	12	6×2
28	水龙头 $DN15$	个	4	2×2

续表

序号	项目名称	单位	工程量	计算式
29	管沟土方	m³	12.09	给水： $V = h(b + kh)l = 0.8 \times (0.6 + 0.3 \times 0.8) \times 1.7 \approx 1.14$ 排水： $V = \sum h(b + kh)l = 2 \times 1 \times (0.7 + 0.3 \times 1) \times 3 + 1 \times (0.6 + 0.3 \times 1) \times 5.5 = 10.95$ 小计：$1.14 + 10.95 = 12.09$ 注：式中，h 表示沟深，b 表示沟底宽，k 表示放坡系数，l 表示沟长

3. 工程量清单与计价

根据《通用安装工程工程量计算规范》（GB 50856—2013）及《四川省建设工程工程量清单计价定额——通用安装工程》（2015），编制给水排水分部分项工程量清单与计价表，见表 1.3；用到的主材单价见表 1.4，综合单价分析表见表 1.5。

表 1.3　给水排水分部分项工程量清单与计价表

序号	项目编码	项目名称	项目特征描述	计量单位	工程量	综合单价	合价	其中 暂估价
1	031001006001	塑料管	1. 安装部位：室内 2. 输送介质：给水 3. 材质、规格：PP-R 管 De75 4. 连接形式：热熔连接 5. 压力试验及吹洗要求：详见设计说明	m	3.7	56.83	210.27	
	CK0360	室内塑料给水管 DN65 热熔连接		10m	0.37			
2	031001006002	塑料管	1. 安装部位：室内 2. 输送介质：给水 3. 材质、规格：PP-R 管 De63 4. 连接形式：热熔连接 5. 压力试验及吹洗要求：详见设计说明	m	12.4	45.45	563.58	
	CK0359	室内塑料给水管 DN50 热熔连接		10m	1.24			
3	031001006003	塑料管	1. 安装部位：室内 2. 输送介质：给水 3. 材质、规格：PP-R 管 De40 4. 连接形式：热熔连接 5. 压力试验及吹洗要求：详见设计说明	m	11	31.00	341.00	
	CK0357	室内塑料给水管 DN32 热熔连接		10m	1.1			
4	031001006004	塑料管	1. 安装部位：室内 2. 输送介质：给水 3. 材质、规格：PP-R 管 De32 4. 连接形式：热熔连接 5. 压力试验及吹洗要求：详见设计说明	m	3.6	27.85	100.26	
	CK0356	室内塑料给水管 DN25 热熔连接		10m	0.36			

续表

序号	项目编码	项目名称	项目特征描述	计量单位	工程量	综合单价	合价	其中 暂估价
5	031001006005	塑料管	1. 安装部位：室内 2. 输送介质：给水 3. 材质、规格：PP-R 管 De25 4. 连接形式：热熔连接 5. 压力试验及吹洗要求：详见设计说明	m	7.12	23.05	164.12	
	CK0355		室内塑料给水管 DN20 热熔连接	10m	0.712			
6	031001006006	塑料管	1. 安装部位：室内 2. 输送介质：给水 3. 材质、规格：PP-R 管 De20 4. 连接形式：热熔连接 5. 压力试验及吹洗要求：详见设计说明	m	11.14	20.52	228.59	
	CK0354		室内塑料给水管 De15 热熔连接	10m	1.114			
7	031001006007	塑料管	1. 安装部位：室内 2. 输送介质：排水 3. 材质、规格：U-PVC 管 De110 4. 连接形式：粘接 5. 阻火圈 De110 6. 压力试验及吹洗要求：详见设计说明	m	61	51.58	3146.38	
	CK0397		室内塑料排水管 DN100 粘接	10m	6.1			
	CK1274		阻火圈 De110	个	4			
8	031001006008	塑料管	1. 安装部位：室内 2. 输送介质：排水 3. 材质、规格：U-PVC 管 De75 4. 连接形式：粘接 5. 压力试验及吹洗要求：详见设计说明	m	20.84	45.30	944.05	
	CK0396		室内塑料排水管 DN75 粘接	10m	2.084			
9	031001006009	塑料管	1. 安装部位：室内 2. 输送介质：排水 3. 材质、规格：U-PVC 管 De50 4. 连接形式：粘接 5. 压力试验及吹洗要求：详见设计说明	m	23.38	24.40	570.47	
	CK0395		室内塑料排水管 DN50 粘接	10m	2.338			
10	031002003001	套管	1. 名称、类型：刚性防水套管 2. 材质：碳钢 3. 规格：DN65 4. 填料材质：见说明图集	个	1	225.44	225.44	
	CH3586		刚性防水套管制作 DN65	个	1			
	CH3603		刚性防水套管安装 DN65	个	1			
11	031002003002	套管	1. 名称、类型：刚性防水套管 2. 材质：碳钢 3. 规格：DN80 4. 填料材质：见说明图集	个	1	225.44	225.44	

续表

序号	项目编码	项目名称	项目特征描述	计量单位	工程量	综合单价	合价	其中 暂估价
	CH3586		刚性防水套管制作 *DN*80	个	1			
	CH3603		刚性防水套管安装 *DN*80	个	1			
12	031002003003	套管	1. 名称、类型：刚性防水套管 2. 材质：碳钢 3. 规格：*DN*100 4. 填料材质：见说明图集	个	2	268.32	536.64	
	CH3587		刚性防水套管制作 *DN*100	个	2			
	CH3603		刚性防水套管安装 *DN*100	个	2			
13	031002003004	套管	1. 名称、类型：穿墙钢套管 2. 材质：碳钢 3. 规格：*DN*150 4. 填料材质：见说明图集	个	2	76.82	153.64	
	CH3614		一般穿墙钢套管制作、安装	个	2			
14	031002003005	套管	1. 名称、类型：穿墙钢套管 2. 材质：碳钢 3. 规格：*DN*125 4. 填料材质：见说明图集	个	1	76.26	76.26	
	CH3614		一般穿墙钢套管制作、安装 *DN*125	个	1			
15	031002003006	套管	1. 名称、类型：穿墙钢套管 2. 材质：碳钢 3. 规格：*DN*50 4. 填料材质：见说明图集	个	2	19.32	38.64	
	CH3612		一般穿墙钢套管制作安装 *DN*50	个	2			
16	031002003007	套管	1. 名称、类型：穿墙钢套管 2. 材质：碳钢 3. 规格：*DN*25 4. 填料材质：见说明图集	个	2	18.66	37.32	
	CH3612		一般穿墙钢套管制作安装 *DN*25	个	2			
17	031002003008	套管	1. 名称、类型：穿楼板钢套管 2. 材质：碳钢 3. 规格：*DN*80 4. 填料材质：见说明图集	个	1	43.57	43.57	
	CH3613		穿楼板钢套管制作、安装 *DN*80	个	1			
18	031003001001	螺纹阀门	1. 类型：截止阀 2. 材质：灰铸铁 3. 规格、压力等级：J11T-1.0、*DN*20，1.0MPa 4. 连接形式：螺纹连接	个	2	52.70	105.40	
	CK0444		螺纹阀门 *DN*20	个	2			
19	031003001002	螺纹阀门	1. 类型：截止阀 2. 材质：灰铸铁 3. 规格、压力等级：J11T-1.0、*DN*32，1.0MPa 4. 连接形式：螺纹连接	个	4	84.35	337.40	
	CK0446		螺纹阀门 *DN*32	个	4			

续表

序号	项目编码	项目名称	项目特征描述	计量单位	工程量	金额/元		其中
						综合单价	合价	暂估价
20	031003001003	螺纹阀门	1. 类型：截止阀 2. 材质：灰铸铁 3. 规格、压力等级：J11T-1.0、DN50，1.0MPa 4. 连接形式：螺纹连接	个	2	131.88	263.76	
	CK0448		螺纹阀门 DN50	个	2			
21	031003013001	水表	1. 安装部位：室内 2. 型号、规格：旋翼式水表 LXS-65E、DN65 3. 连接方式：螺纹连接	组	1	464.78	464.78	
	CK0697		螺纹水表 DN65	组	1			
22	031004003001	面盆	1. 材质：陶瓷 2. 规格、类型：有沿台式面盆 3. 组装形式：台式 4. 附件名称、数量：面盆全套	组	4	300.62	1202.48	
	CK0753		普通冷水龙头、面盆安装	10 组	0.4			
23	031004006001	蹲便器	1. 材质：陶瓷 2. 型号、规格：蹲便器 3. 组装方式：延时自闭阀冲洗式 DN25 4. 附件名称、数量：延时自闭阀冲洗式蹲便器全套	组	16	316.07	5057.12	
	CK0780		自闭式冲洗阀 DN25 蹲便器	10 组	1.6			
24	031004007001	小便器	1. 材质：陶瓷 2. 规格、类型：挂式小便器 3. 组装方式：挂式，延时自闭阀冲洗 DN15 4. 附件名称、数量：延时自闭阀冲洗式小便器全套	组	8	192.36	1538.88	
	CK0785		自闭阀 DN15 挂斗式小便器	10 组	0.8			
25	031004014001	给水排水附（配）件	1. 材质：塑料 2. 型号、规格：水封地漏 DN50 3. 安装方式：见 91SB2-1(2005)	个	12	40.90	490.80	
	CK0829		地漏 DN50	10 个	1.2			
26	031004014002	给水排水附（配）件	1. 材质：塑料 2. 型号、规格：镀铬水龙头 DN15 3. 安装方式：见 91SB2-1(2005)	个	4	20.82	83.28	
	CK0820		水龙头 DN15	10 个	0.4			
27	031002001001	管道支架	1. 材质：型钢 2. 管架形式：一般管架	kg	60	18.58	1114.80	
	CK0442		管道支架制作、安装	100kg	0.6			
28	010101007001	管沟土方	人工挖填室内管沟土方	m³	12.09	41.18	497.87	
	CK1276		人工挖填室内管沟土方	10m³	1.209			

表 1.4 用到的主材单价

序号	主材名称及规格	单位	单价/元	序号	主材名称及规格	单位	单价/元
1	PP-R 塑料给水管 De75	m	28.72	21	钢管 DN150	m	15.87
2	PP-R 塑料给水管件 De75	个	18.87	22	钢管 DN125	m	14.12
3	PP-R 塑料给水管 De63	m	20.38	23	钢管 DN50	m	1.78
4	PP-R 塑料给水管件 De63	个	10.32	24	钢管 DN25	m	10.71
5	PP-R 塑料给水管 De40	m	8.27	25	钢管 DN80	m	13.60
6	PP-R 塑料给水管件 De40	个	9.31	26	螺纹阀门 DN20	个	40.00
7	PP-R 塑料给水管 De32	m	7.36	27	螺纹阀门 DN32	个	65.00
8	PP-R 塑料给水管件 De32	个	5.49	28	螺纹阀门 DN50	个	100.00
9	PP-R 塑料给水管 De25	m	4.97	29	螺纹水表 DN65	个	210.00
10	PP-R 塑料给水管件 De25	个	4.09	30	螺纹闸阀 Z15T-10K DN65	个	160.00
11	PP-R 塑料给水管 De20	m	3.10	31	面盆	个	180.00
12	PP-R 塑料给水管件 De20	个	2.55	32	水龙头（全铜磨光）	个	30.00
13	承插塑料排水管 De110	m	15.98	33	瓷蹲便器	个	168.00
14	承插塑料排水管件 De110	个	9.01	34	延时自闭阀冲洗 DN25	个	33.00
15	阻火圈 De110	个	36.00	35	挂式小便器	个	130.00
16	承插塑料排水管 De75	m	9.79	36	小便器角型自闭延时冲洗阀 DN15	个	18.00
17	承插塑料排水管件 De75	个	8.32	37	地漏 DN50	个	23.75
18	承插塑料排水管 De50	m	5.09	38	铜水龙头 DN15	个	18.00
19	承插塑料排水管件 De50	个	4.57	39	型钢	kg	4.00
20	钢管	kg	4.58				

表 1.5 综合单价分析表

工程名称：某车间公共卫生间给水排水工程   第 1 页 共 2 页

项目编码	031001006001		项目名称		塑料管		计量单位		m		工程量	3.7

<table>
<tr><td colspan="13" align="center">清单综合单价组成明细</td></tr>
<tr><td rowspan="2">定额编号</td><td rowspan="2">定额项目名称</td><td rowspan="2">定额单位</td><td rowspan="2">数量</td><td colspan="4">单价/元</td><td colspan="4">合价/元</td></tr>
<tr><td>人工费</td><td>材料费</td><td>机械费</td><td>综合费</td><td>人工费</td><td>材料费</td><td>机械费</td><td>综合费</td></tr>
<tr><td>CK0360</td><td>室内塑料给水管 DN65 热熔连接</td><td>10m</td><td>0.37</td><td>144.10</td><td>18.56</td><td>0.24</td><td>33.20</td><td>53.32</td><td>6.87</td><td>0.09</td><td>12.28</td></tr>
<tr><td colspan="2" align="center">人工单价</td><td colspan="6" align="center">小计</td><td>53.32</td><td>6.87</td><td>0.09</td><td>12.28</td></tr>
<tr><td colspan="2" align="center">85 元/工日</td><td colspan="6" align="center">未计价材料费</td><td colspan="4">137.71</td></tr>
<tr><td colspan="8" align="center">清单项目综合单价</td><td colspan="4">56.83①</td></tr>
</table>

材料费明细	主要材料名称、规格、型号	单位	数量	单价/元	合价/元	暂估单价/元	暂估合价/元
	PP-R 塑料给水管 De75	m	3.77	28.72	108.27		
	PP-R 塑料给水管件 De75	个	1.56	18.87	29.44		
	其他材料费						
	材料费小计			—	137.71		

项目编码	031001006007	项目名称	塑料管	计量单位	m	工程量	61

				清单综合单价组成明细						

定额编号	定额项目名称	定额单位	数量	单价/元				合价/元			
				人工费	材料费	机械费	综合费	人工费	材料费	机械费	综合费
CK0397	室内排水塑料管 De100 粘接	10m	6.1	165.18	42.05	0.07	38.01	1007.60	256.51	0.43	231.86
CK1274	阻火圈 De110	个	4	8.56	2.01	—	1.97	34.24	8.04	—	7.88
人工单价		小计						1041.84	264.55	0.43	239.74
85 元/工日		未计价材料费						1599.95			
清单项目综合单价								51.58②			

材料费明细	主要材料名称、规格、型号	单位	数量	单价/元	合价/元	暂估单价/元	暂估合价/元
	承插塑料排水管 De110	m	51.97	15.98	830.48		
	承插塑料排水管件 De110	个	69.42	9.01	625.47		
	阻火圈 DN110	个	4	36.00	144.00		
	其他材料费						
	材料费小计			—	1599.95		

① 清单项目综合单价=(53.32+6.87+0.09+12.28+137.71)/3.7≈56.83（元/m）。

② 清单项目综合单价=(1041.84+264.55+0.43+239.74+1599.95)/61≈51.58（元/m）。

1.2　某办公楼卫生间给水排水工程计量与计价实例

1．工程概况与设计说明

1）本工程为某办公楼卫生间的给水排水工程，该办公楼共三层，层高为 3m，相关工程图中平面尺寸以 mm 计，标高均以 m 计。墙体厚度均为 240mm。

2）给水管道均为镀锌钢管，螺纹连接。排水管道为 U-PVC 塑料排水管，粘接。给水排水管道与墙体的中心距离均为 200mm。

3）卫生器具全部为明装，安装要求均符合《通用安装工程消耗量定额》（TY02-31-2015）所指定标准图的要求，给水管道工程量计算至与蹲便器、小便器、面盆支管连接处止。蹲便器采用手压阀冲洗；小便器为挂式小便器，延时自闭阀冲洗；面盆用水龙头为普通冷水龙头；混凝土拖布池为 500mm×600mm 落地式安装，普通水龙头，排水地漏带水封；立管检查口设在一、三层排水立管上，距地面 0.5m 处。

4）给水排水管道穿外墙均采用防水套管，穿内墙及楼板均采用普通钢套管。

5）给水排水管道安装完毕，按规范进行消毒、冲洗、水压试验和试漏。

某办公楼卫生间底层平面图如图 1.5 所示，二、三层平面图如图 1.6 所示，给水系统如图 1.7 所示（一、二层同三层），排水系统如图 1.8 和图 1.9 所示。

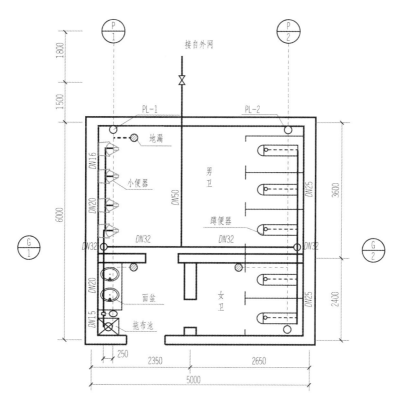

图 1.5 某办公楼卫生间底层平面图

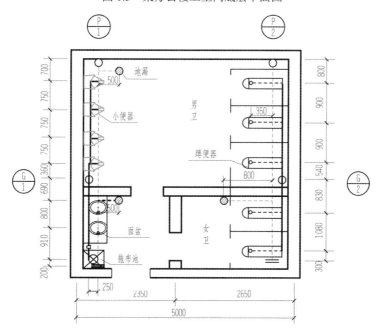

图 1.6 某办公楼卫生间二、三层平面图

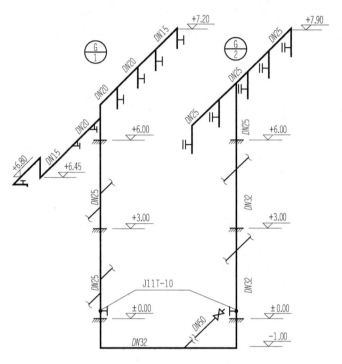

图 1.7　某办公楼卫生间给水系统

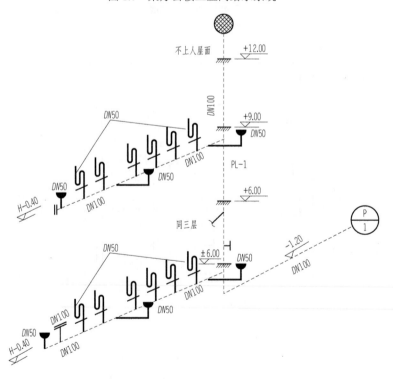

图 1.8　某办公楼卫生间排水系统（一）

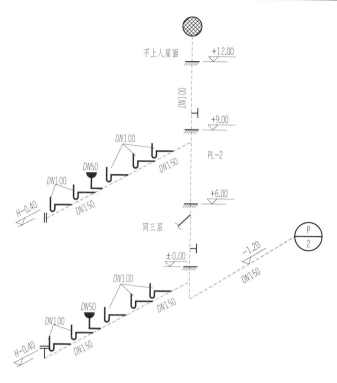

图 1.9 某办公楼卫生间排水系统（二）

2. 工程量计算

某办公楼卫生间给水排水工程工程量计算见表 1.6。

表 1.6 某办公楼卫生间给水排水工程工程量计算

序号	项目名称	单位	工程量	计算式
1	室内镀锌钢管给水管 DN50 螺纹连接	m	4.78	闸阀至墙中心 1.5+室内水平段(墙中心距 3.6-半墙厚 0.12-管中心距墙边 0.2)=1.5+3.28=4.78
2	室内镀锌钢管给水管 DN32 螺纹连接	m	11.71	(水平管:轴线距 5-墙厚 0.24-管中心距墙边 0.2×2)+[立管:(左埋地到一层支管 1+ 0.45)+(右埋地到二层支管 1+4.9)]=4.36+7.35=11.71
3	室内镀锌钢管给水管 DN25 螺纹连接	m	21.75	(立管左:一层支管到三层支管 6.45-0.45)+(立管右:二层支管到三层支管 7.9-4.9)+[水平右: 5 个蹲便器间距(1.08+0.83+0.54+0.9+0.9)×3 层]=6+3+12.75=21.75
4	室内镀锌钢管给水管 DN20 螺纹连接	m	10.8	(立管左 7.2-6.45)+[水平管(南至第二个面盆 0.69+0.8)+(北至第三个小便器 0.36+0.75+0.75)]×3 层=0.75+10.05=10.8
5	室内镀锌钢管给水管 DN15 螺纹连接	m	6.78	[立管(6.8-6.45)+水平管(第三至第四个小便器之间及第二个面盆之后 0.91+0.25+0.75)]×3 层=2.26×3=6.78
6	刚性防水套管 DN50	个	1	DN50 镀锌钢管穿外墙
7	钢套管 DN50	个	3	DN32 镀锌钢管左边穿 F1 楼板、右边穿 F1 和 F2 楼板
8	钢套管 DN40	个	6	DN25 镀锌钢管左边穿 F2 和 F3 楼板、右边穿 F3 楼板,穿各层男、女卫生间隔墙
9	钢套管 DN32	个	3	DN20 镀锌钢管穿各层男、女卫生间隔墙
10	截止阀 DN50	个	1	入户阀门
11	截止阀 J11T-10 DN32	个	2	两根给水立管上各一个:1×2

续表

序号	项目名称	单位	工程量	计算式
12	管沟土方	m³	8.5	$V=h(b+kh)L$=1×(0.6+0.33×1)×(4.78+4.36)≈8.5
13	室内 U-PVC 塑料排水管 DN150 粘接	m	33.97	排2：检查井中心至立管中心(1.8+1.5+0.12+0.2)+PL-2(1.2+12+透气帽0.7)=3.62+13.9=17.52 PL-2 横管：立管中心至横管末端(0.8+0.9+0.9+0.54+0.83+1.08+0.3)×3+一层向上接清扫口 0.4=16.05+0.4=16.45 小计：17.52+16.45=33.97
14	室内 U-PVC 塑料排水管 DN100 粘接	m	46.7	排1：检查井中心至立管中心(1.8+1.5+0.12+0.2)+PL-2(1.2+12+透气帽0.7)=3.62+13.9=17.52 PL-1 横管： 一层立管中心至横管末端(0.7+0.75×3+0.36+0.69+0.8+0.91)+二、三层立管中心至横管末端清扫口(0.7+0.75×3+0.36+0.69+0.8+0.91+0.2)×2+一层向上接地面扫除口 0.4=5.71+11.82+0.4=17.93 PL-2 支管：接 5 个蹲便器(水平 0.35+竖直 0.4)×5 个×3 层=11.25 小计：17.52+17.93+11.25=46.7
15	室内 U-PVC 塑料排水管 DN50 粘接	m	19.2	PL-1 横管：各层分别接 2 个面盆、4 个小便器(0.4+0.1)×6 个×3 层+各层分别接 3 个地漏(水平段量取 0.5×2 个×3 层+竖直段 0.4×3 个×3 层)=9+6.6=15.6 PL-2 横管：各层分别接一个地漏(水平段 0.8+竖直段 0.4)×3 层=3.6 小计：15.6+3.6=19.2
16	刚性防水套管 DN150	个	2	排 1 引入管穿外墙 1 个+排 1 立管穿屋面 1 个
17	刚性防水套管 DN100	个	2	排 2 引入管穿外墙 1 个+排 2 立管穿屋面 1 个
18	蹲便器	套	15	5×3
19	小便器	套	12	4×3
20	面盆	套	6	2×3
21	地漏 DN50	套	12	4×3
22	水龙头 DN15	个	3	1×3
23	地面扫除口 DN150	个	1	1
24	地面扫除口 DN100	个	1	1
25	管沟土方	m³	10.87	给水： $V = h(b + kh)l$ = 1×(0.6 + 0.3×1)×1.5 = 1.35 排水： $V = \sum h(b + kh)l$ 　= 1.2×(0.7 + 0.33×1.2)×(3.62 + 3.62) 　≈ 9.52 小计：1.35+9.52=10.87

3. 工程量清单与计价

依据《通用安装工程工程量计算规范》（GB 50856—2013）及《四川省建设工程工程量清单计价定额——通用安装工程》（2015），编制给水排水分部分项工程量清单与计价表，见表 1.7；用到的主材单价见表 1.8，综合单价分析表见表 1.9。

表 1.7 给水排水工程分部分项工程量清单与计价表

序号	项目编码	项目名称	项目特征描述	计量单位	工程量	金额/元		
						综合单价	合价	其中暂估价
1	031001001001	镀锌钢管	1. 安装部位：室内 2. 介质：给水 3. 规格、压力等级：DN50 4. 连接形式：螺纹连接 5. 压力试验及吹洗设计要求：水压试验，冲洗、消毒	m	4.78	72.04	344.35	
	CK0021	室内给水镀锌钢管螺纹连接 DN50		10m	0.478			
2	031001001002	镀锌钢管	1. 安装部位：室内 2. 介质：给水 3. 规格、压力等级：DN32 4. 连接形式：螺纹连接 5. 压力试验及吹洗设计要求：水压试验，冲洗、消毒	m	11.71	44.94	526.25	
	CK0019	室内给水镀锌钢管螺纹连接 DN32		10m	1.171			
3	031001001003	镀锌钢管	1. 安装部位：室内 2. 介质：给水 3. 规格、压力等级：DN25 4. 连接形式：螺纹连接 5. 压力试验及吹洗设计要求：水压试验，冲洗、消毒	m	21.75	39.56	860.43	
	CK0018	室内给水镀锌钢管螺纹连接 DN25		10m	2.175			
4	031001001004	镀锌钢管	1. 安装部位：室内 2. 介质：给水 3. 规格、压力等级：DN20 4. 连接形式：螺纹连接 5. 压力试验及吹洗设计要求：水压试验，冲洗、消毒	m	10.8	31.36	338.69	
	CK0017	室内给水镀锌钢管螺纹连接 DN20		10m	1.08			
5	031001001005	镀锌钢管	1. 安装部位：室内 2. 介质：给水 3. 规格、压力等级：DN15 4. 连接形式：螺纹连接 5. 压力试验及吹洗设计要求：水压试验，冲洗、消毒	m	6.78	28.71	194.65	
	CK0016	室内给水镀锌钢管螺纹连接 DN15		10m	0.678			
6	031001006006	塑料管	1. 安装部位：室内 2. 介质：排水 3. 材质、规格：U-PVC 管，DN150（De160） 4. 连接形式：粘接 5. 压力试验及吹洗设计要求：闭水试验	m	33.97	76.69	2605.16	
	CK0398	室内塑料排水管粘接 DN150		10m	3.397			

续表

序号	项目编码	项目名称	项目特征描述	计量单位	工程量	金额/元		
						综合单价	合价	其中 暂估价
7	031001006007	塑料管	1. 安装部位：室内 2. 介质：排水 3. 材质、规格：U-PVC 管，DN100（De110） 4. 连接形式：粘接 5. 压力试验及吹洗设计要求：闭水试验	m	46.7	48.40	2260.28	
	CK0397	室内塑料排水管粘接 DN100		10m	4.67			
8	031001006008	塑料管	1. 安装部位：室内 2. 介质：排水 3. 材质、规格：U-PVC 管，DN50（De50） 4. 连接形式：粘接 5. 压力试验及吹洗设计要求：闭水试验	m	19.2	24.40	468.48	
	CK0395	室内塑料排水管粘接 DN50		10m	1.998			
9	031002003009	套管	1. 名称、类型：刚性防水套管 2. 材质：碳钢 3. 规格：DN150	个	2	361.60	723.20	
	CH3589	刚性防水套管制作 DN150		个	2			
	CH3604	刚性防水套管安装 DN150		个	2			
10	031002003010	套管	1. 名称、类型：刚性防水套管 2. 材质：碳钢 3. 规格：DN100	个	2	280.09	560.18	
	CH3587	刚性防水套管制作 DN100		个	2			
	CH3603	刚性防水套管安装 DN100		个	2			
11	031002003011	套管	1. 名称、类型：刚性防水套管 2. 材质：碳钢 3. 规格：DN50	个	1	194.00	194.00	
	CH3585	刚性防水套管制作 DN50		个	1			
	CH3602	刚性防水套管安装 DN50		个	1			
12	031002003012	套管	1. 名称、类型：一般穿墙套管 2. 材质：碳钢 3. 规格：DN50	个	3	19.31	57.93	
	CH3612	一般穿墙钢套管制作安装 DN50		个	3			
13	031002003013	套管	1. 名称、类型：一般穿墙套管 2. 材质：碳钢 3. 规格：DN40	个	6	19.07	114.42	
	CH3612	一般穿墙钢套管制作安装 DN40		个	6			
14	031002003014	套管	1. 名称、类型：一般穿墙套管 2. 材质：碳钢 3. 规格：DN32	个	3	18.85	56.55	
	CH3612	一般穿墙钢套管制作安装 DN32		个	3			
15	0310030010015	螺纹阀门	1. 类型：截止阀 2. 材质：灰铸铁 3. 规格、压力等级：DN50，1.0MPa 4. 连接形式：螺纹连接	个	1	131.88	131.88	

续表

序号	项目编码	项目名称	项目特征描述	计量单位	工程量	综合单价	合价	其中 暂估价
	CK0448	螺纹阀门 DN50		个	1			
16	031003001016	螺纹阀门	1. 类型：截止阀 2. 材质：灰铸铁 3. 规格、压力等级：J11T-10，DN32 4. 连接形式：螺纹连接	个	2	84.35	168.70	
	CK0446	螺纹阀门 DN32		个	2			
17	031004003017	面盆	1. 材质：陶瓷 2. 规格、类型：见详图 3. 组装形式：台式 4. 附件名称、数量：面盆全套	组	6	300.62	1803.72	
	CK0753	普通冷水龙头、面盆安装		10 组	0.6			
18	031004006018	蹲便器	1. 材质：陶瓷 2. 规格、类型：见详图 3. 组装形式：蹲式手压阀冲洗 4. 附件名称、数量：手压阀冲洗式蹲便器全套	组	15	305.10	4576.50	
	CK0777	手压阀蹲便器安装		10 组	1.5			
19	031004007019	小便器	1. 材质：陶瓷 2. 规格、类型：见详图 3. 组装形式：挂式自闭延时冲洗 4. 附件名称、数量：自闭延时阀冲洗式小便器全套	组	12	192.36	2308.32	
	CK0785	小便器安装，挂斗式、普通式		10 组	1.2			
20	031004014020	水龙头	1. 材质：塑料 2. 型号、规格：普通水龙头 DN15 3. 安装方式：见 91SB-1（2005）	个	3	20.81	62.43	
	CK0820	水龙头 DN15		10 个	0.3			
21	031004014021	地漏	1. 材质：塑料 2. 型号、规格：带水封地漏 DN50 3. 安装方式：见 91SB-1（2005）	个	12	40.90	490.80	
	CK0829	安装地漏 DN50		10 个	1.2			
22	031004014022	地面扫除口	1. 材质：铜面 2. 型号、规格：DN150 3. 安装方式：见 91SB-1（2005）	个	1	91.16	91.16	
	CK0837	安装地面扫除口 DN150		10 个	0.1			
23	031004014023	地面扫除口	1. 材质：铜面 2. 型号、规格：DN100 3. 安装方式：见详图	个	1	59.03	59.03	
	CK0835	安装地面扫除口 DN100		10 个	0.1			
24	010101007024	管沟土方	1. 土壤类别：三类土 2. 管外径：见详图 3. 挖沟深度：见详图 4. 回填要求：详见设计说明	m^3	10.87	41.18	447.63	
	CK1276	人工挖填管沟土方		$10m^3$	1.087			

表 1.8　用到的主材单价

序号	主材名称及规格	单位	单价/元	序号	主材名称及规格	单位	单价/元
1	镀锌钢管 DN50	m	28.71	19	镀锌钢管接头零件 DN50	个	11.74
2	型钢	kg	4.00	20	镀锌钢管 DN32	m	18.87
3	镀锌钢管接头零件 DN32	个	5.75	21	镀锌钢管 DN25	m	14.74
4	镀锌钢管接头零件 DN25	个	3.52	22	镀锌钢管 DN20	m	9.93
5	镀锌钢管接头零件 DN20	个	2.28	23	镀锌钢管 DN15	m	7.68
6	镀锌钢管接头零件 DN15	个	1.47	24	承插塑料排水管 DN150	m	30.00
7	承插塑料排水管件 DN150	个	22.75	25	承插塑料排水管 DN100	m	15.98
8	承插塑料排水管件 DN100	个	9.01	26	承插塑料排水管 DN50	m	5.09
9	承插塑料排水管件 DN50	个	4.57	27	钢管 DN150	kg	5.19
10	钢管 DN50	kg	12.78	28	钢管 DN50	kg	4.58
11	钢管 DN40	m	12.00	29	钢管 DN50	kg	3.98
12	钢管 DN32	m	11.32	30	螺纹阀门 DN50	个	100.00
13	螺纹阀门 DN32	个	65.00	31	水龙头（全铜磨光）	个	30.00
14	面盆	个	180.00	32	瓷蹲便器	个	168.00
15	蹲便器手压阀 DN25	个	25.00	33	小便器角型阀 DN15	个	18.00
16	挂式小便器	个	130.00	34	铜水龙头	个	18.00
17	地漏 DN50	个	23.75	35	地面扫除口 DN150	个	80.00
18	地面扫除口 DN100	个	50.00				

表 1.9　综合单价分析表

工程名称：某办公楼卫生间给水排水工程　　　　　　　　　　　　　　　　　　　　　第 1 页　共 9 页

项目编码	031001001001	项目名称	镀锌钢管		计量单位	m	工程量	4.78

清单综合单价组成明细

定额编号	定额项目名称	定额单位	数量	单价/元				合价/元			
				人工费	材料费	机械费	综合费	人工费	材料费	机械费	综合费
CK0021	室内给水镀锌钢管螺纹连接 DN50	10m	0.478	232.65	24.25	15.81	57.15	111.21	11.59	7.56	27.32
人工单价		小计						111.21	11.59	7.56	27.32
85 元/工日		未计价材料费						186.65			
清单项目综合单价								72.04			

材料费明细	主要材料名称、规格、型号	单位	数量	单价/元	合价/元	暂估单价/元	暂估合价/元
	型钢	kg	2.533	4.00	10.13		
	镀锌钢管 DN50	m	4.876	28.71	139.99		
	镀锌钢管接头零件 DN50	个	3.112	11.74	36.53		
	其他材料费						
	材料费小计			—	186.65		

工程名称：某办公楼卫生间给水排水工程　　　　　　　　　　　　　　　第2页　共9页

项目编码	031001006006	项目名称		塑料管		计量单位		m	工程量		33.97

清单综合单价组成明细

定额编号	定额项目名称	定额单位	数量	单价/元				合价/元			
				人工费	材料费	机械费	综合费	人工费	材料费	机械费	综合费
CK0398	室内塑料排水管粘接 DN150	10m	3.397	231.98	38.59	0.07	53.37	788.04	131.09	0.24	181.30
人工单价		小计						788.04	131.09	0.24	181.30
85元/工日		未计价材料费						1504.5			
		清单项目综合单价						76.69			

材料费明细	主要材料名称、规格、型号	单位	数量	单价/元	合价/元	暂估单价/元	暂估合价/元
	承插塑料排水管 DN150	m	32.17	30.00	965.1		
	承插塑料排水管件 DN150	个	23.71	22.75	539.4		
	其他材料费						
	材料费小计			—	1504.5		

工程名称：某办公楼卫生间给水排水工程　　　　　　　　　　　　　　　第3页　共9页

项目编码	031002003009	项目名称		套管		计量单位		个	工程量		2

清单综合单价组成明细

定额编号	定额项目名称	定额单位	数量	单价/元				合价/元			
				人工费	材料费	机械费	综合费	人工费	材料费	机械费	综合费
CH3589	刚性防水套管制作 DN150	个	2	86.7	75.76	40.14	24.73	173.4	151.52	80.28	49.46
CH3604	刚性防水套管安装 DN150	个	2	49.85	25.6		9.72	99.7	51.2		19.44
人工单价		小计						273.1	202.72	80.28	68.9
85元/工日		未计价材料费						98.19			
		清单项目综合单价						361.60			

材料费明细	主要材料名称、规格、型号	单位	数量	单价/元	合价/元	暂估单价/元	暂估合价/元
	钢管 DN150	kg	18.92	5.19	98.19		
	其他材料费						
	材料费小计			—	98.19		

项目编码	0310030010015	项目名称	螺纹阀门	计量单位	个	工程量	1

清单综合单价组成明细

定额编号	定额项目名称	定额单位	数量	单价/元				合价/元			
				人工费	材料费	机械费	综合费	人工费	材料费	机械费	综合费
CK0448	螺纹阀门 DN50	个	1	17.71	9.10		4.07	17.71	9.10		4.07
人工单价		小计						17.71	9.10		4.07
85 元/工日		未计价材料费						101.00			
清单项目综合单价								131.88			

材料费明细	主要材料名称、规格、型号	单位	数量	单价/元	合价/元	暂估单价/元	暂估合价/元
	螺纹阀门 DN50	个	1.01	100.00	101.00		
	其他材料费						
	材料费小计			—	101.00		

项目编码	031004003017	项目名称	面盆	计量单位	组	工程量	6

清单综合单价组成明细

定额编号	定额项目名称	定额单位	数量	单价/元				合价/元			
				人工费	材料费	机械费	综合费	人工费	材料费	机械费	综合费
CK0753	普通冷水龙头、面盆安装	10 组	0.6	349.61	455.15		80.41	209.766	273.09		48.246
人工单价		小计						209.766	273.09		48.246
85 元/工日		未计价材料费						1272.6			
清单项目综合单价								300.62			

材料费明细	主要材料名称、规格、型号	单位	数量	单价/元	合价/元	暂估单价/元	暂估合价/元
	水龙头（全铜磨光）	个	6.06	30.00	181.8		
	面盆	个	6.06	180.00	1090.8		
	其他材料费						
	材料费小计			—	1272.6		

项目编码	031004006018	项目名称	蹲便器	计量单位	组	工程量	15

清单综合单价组成明细

定额编号	定额项目名称	定额单位	数量	单价/元				合价/元			
				人工费	材料费	机械费	综合费	人工费	材料费	机械费	综合费
CK0777	手压阀蹲便器安装	10 组	1.5	426.65	576.94		98.13	639.975	865.41		147.195
人工单价		小计						639.975	865.41		147.195
85 元/工日		未计价材料费						2923.95			
清单项目综合单价								305.10			

续表

定额编号	定额项目名称	定额单位	数量	单价/元				合价/元			
				人工费	材料费	机械费	综合费	人工费	材料费	机械费	综合费

材料费明细	主要材料名称、规格、型号		单位	数量	单价/元	合价/元	暂估单价/元	暂估合价/元
	瓷蹲便器		个	15.15	168.00	2545.2		
	蹲便器手压阀 DN25		个	15.15	25.00	378.75		
	其他材料费							
	材料费小计				—	2923.95		

工程名称：某办公楼卫生间给水排水工程　　　　　　　　　　　　第7页　共9页

项目编码	031004007019		项目名称	小便器	计量单位	组	工程量	12

清单综合单价组成明细

定额编号	定额项目名称	定额单位	数量	单价/元				合价/元			
				人工费	材料费	机械费	综合费	人工费	材料费	机械费	综合费
CK0785	小便器安装,挂斗式、普通式	10组	1.2	248.88	122.70		57.24	298.656	147.24		68.688
人工单价			小计					298.656	147.24		68.688
85元/工日			未计价材料费					1793.76			
清单项目综合单价								192.36			

材料费明细	主要材料名称、规格、型号		单位	数量	单价/元	合价/元	暂估单价/元	暂估合价/元
	小便器角型阀 DN15		个	12.12	18.00	218.16		
	挂式小便器		个	12.12	130.00	1575.6		
	其他材料费							
	材料费小计				—	1793.76		

工程名称：某办公楼卫生间给水排水工程　　　　　　　　　　　　第8页　共9页

项目编码	031004014020		项目名称	水龙头	计量单位	个	工程量	3

清单综合单价组成明细

定额编号	定额项目名称	定额单位	数量	单价/元				合价/元			
				人工费	材料费	机械费	综合费	人工费	材料费	机械费	综合费
CK0820	水龙头 DN15	10个	0.3	20.74	0.82		4.77	6.222	0.246		1.431
人工单价			小计					6.222	0.246		1.431
85元/工日			未计价材料费					54.54			
清单项目综合单价								20.81			

材料费明细	主要材料名称、规格、型号		单位	数量	单价/元	合价/元	暂估单价/元	暂估合价/元
	铜水龙头		个	3.03	18.00	54.54		
	其他材料费							
	材料费小计				—	54.54		

项目编码	010101007024		项目名称		管沟土方		计量单位	m³	工程量	10.87

清单综合单价组成明细

定额编号	定额项目名称	定额单位	数量	单价/元				合价/元			
				人工费	材料费	机械费	综合费	人工费	材料费	机械费	综合费
CK1276	人工挖填管沟土方	10m³	1.087	334.80			77.00	363.93			83.70
人工单价		小计						363.93			83.70
85 元/工日		未计价材料费									
清单项目综合单价								41.18			

材料费明细	主要材料名称、规格、型号		单位	数量	单价/元	合价/元	暂估单价/元	暂估合价/元
	其他材料费							
	材料费小计			—				

消防工程计量与计价实例

2.1 某消防自动喷淋系统工程计量与计价实例

1. 工程概况与设计说明

图 2.1 是某工程的消防自动喷淋系统图,给水管采用镀锌钢管螺纹连接,管道刷两遍红色调和漆,支(吊)架刷红丹防锈漆和灰色调和漆各两遍。

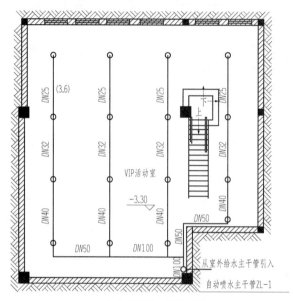

(a)某消防工程平面图

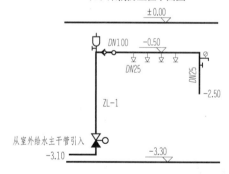

(b)某工程自动喷淋给水系统

图 2.1 某工程的消防自动喷淋系统图

自动喷水给水管靠梁下安装,喷头靠吊顶下配合装修安装,吊顶高 2.50m

2. 工程量计算

某消防自动喷淋系统的工程量计算见表 2.1。

表2.1 某消防自动喷淋系统的工程量计算

序号	项目名称	单位	工程量	计算式
1	水喷淋镀锌钢管 DN100 螺纹连接	m	13.4	距外墙皮1.5+墙厚0.2+管中心距墙边0.1+垂直段[-0.5 -(-3.1)]+2+2+5=1.8+11.6=13.4
2	水喷淋镀锌钢管 DN50 螺纹连接	m	17	5+1×3楼梯左侧3根支管始端+3×3楼梯右侧支管=17
3	水喷淋镀锌钢管 DN40 螺纹连接	m	13.8	3.6×3左侧3根支管+3右侧1根支管=13.8
4	水喷淋镀锌钢管 DN32 螺纹连接	m	14.4	3.6×4=14.4
5	水喷淋镀锌钢管 DN25 螺纹连接	m	18.6	3.6×4+(3.3-0.5-2.5)×14=18.6
6	湿式报警装置 DN100 安装	套	1	1
7	信号蝶阀 DN100 安装	个	1	1
8	法兰 DN100 安装	副	1	1
9	水流指示器 DN100	个	1	1
10	末端试水装置 DN25	套	1	1
11	水喷淋喷头 DN15 安装（有吊顶）	个	16	4×4=16
12	自动排气阀 DN20 安装	个	1	1
13	管道刷红色调和漆第一遍	m²	13.96	$S=\sum(\pi\times D\times L)$ $=3.14\times0.114\times13.4(DN100)+3.14\times0.060\times17(DN50)$ $+3.14\times0.048\times13.8(DN40)+3.14\times0.042\times14.4(DN32)$ $+3.14\times0.034\times18.6(DN25)$ ≈13.96
14	管道刷红色调和漆第二遍	m²	13.96	13.96
15	管道支（吊）架制作、安装	kg	41.256	13.4/10×11.23(DN100)+17/10×6.89(DN50) +13.8/10×4.94(DN40)+14.4/10×2.49(DN32) +18.6/10×2.2(DN25)=41.256
16	管道支（吊）架刷红丹防锈漆第一遍	kg	41.256	41.256
17	管道支（吊）架刷红丹防锈漆第二遍	kg	41.256	41.256
18	管道支（吊）架刷灰色调和漆第一遍	kg	41.256	41.256
19	管道支（吊）架刷灰色调和漆第二遍	kg	41.256	41.256
20	管沟土方	m³	8.54	$V=h(b+kh)l=3.1\times(0.6+0.3\times3.1)\times1.8\approx8.54$

3. 工程量清单与计价

根据《通用安装工程工程量计算规范》（GB 50856—2013）及《四川省建设工程工程量清单计价定额——通用安装工程》（2015），编制消防工程分部分项工程量清单与计价表，见表2.2；用到的主材单价见表2.3，综合单价分析表见表2.4。

表2.2 消防工程分部分项工程量清单与计价表

序号	项目编码	项目名称	项目特征描述	计量单位	工程量	金额/元 综合单价	合价	其中 暂估价
1	030901001001	水喷淋钢管	1. 安装部位：室内 2. 材质、规格：镀锌钢管 DN100 3. 连接形式：螺纹连接 4. 压力试验及冲洗要求：详见设计说明	m	13.4	89.89	1204.53	

续表

序号	项目编码	项目名称	项目特征描述	计量单位	工程量	综合单价	合价	其中暂估价
	CJ0007		水喷淋镀锌钢管 DN100 螺纹连接	10m	1.34			
2	030901001002	水喷淋钢管	1. 安装部位：室内 2. 材质、规格：镀锌钢管 DN50 3. 连接形式：螺纹连接 4. 压力试验及冲洗要求：详见设计说明	m	17	53.35	906.95	
	CJ0004		水喷淋镀锌钢管 DN50 螺纹连接	10m	1.7			
3	030901001003	水喷淋钢管	1. 安装部位：室内 2. 材质、规格：镀锌钢管 DN40 3. 连接形式：螺纹连接 4. 压力试验及冲洗要求：详见设计说明	m	13.8	46.93	647.64	
	CJ0003		水喷淋镀锌钢管 DN40 螺纹连接	10m	1.38			
4	030901001004	水喷淋钢管	1. 安装部位：室内 2. 材质、规格：镀锌钢管 DN32 3. 连接形式：螺纹连接 4. 压力试验及冲洗要求：详见设计说明	m	14.4	38.67	556.85	
	CJ0002		水喷淋镀锌钢管 DN32 螺纹连接	10m	1.44			
5	030901001005	水喷淋钢管	1. 安装部位：室内 2. 材质、规格：镀锌钢管 DN25 3. 连接形式：螺纹连接 4. 压力试验及冲洗要求：详见设计说明	m	18.6	32.36	601.90	
	CJ0001		水喷淋镀锌钢管 DN25 螺纹连接	10m	1.86			
6	030901004001	报警装置	1. 名称：湿式报警装置 2. 型号、规格：ZSS-DN100	组	1	1372.78	1372.78	
	CJ0069		湿式报警装置 DN100 安装	组	1			
7	031003001001	螺纹阀门	1. 类型：自动排气阀 2. 材质：铜 3. 规格、压力等级：DN20、1.0MPa 4. 连接形式：螺纹连接	个	1	52.65	52.65	
	CK0521		自动排气阀 DN20	个	1			
8	031003003001	焊接法兰阀门	1. 类型：信号蝶阀 2. 材质：灰铸铁 3. 规格、压力等级：D44-T-1.0、DN100 4. 连接形式：法兰连接 5. 焊接方法：电弧焊 6. 信号阀接线、校线	个	1	381.29	381.29	
	CH1959		低压法兰阀门 DN100（信号蝶阀）	个	1			
	CH2235		低压碳钢对焊法兰 DN100 电弧焊	副	1			
	CF0610		电动蝶阀检查接线	台	1			
9	030901006001	水流指示器	1. 规格、型号：DN100 2. 连接方式：螺纹连接 3. 水流指示器接线、校线	个	1	399.32	399.32	
	CJ0085		水流指示器 DN100 螺纹连接	个	1			
	CD0461		流水开关接线	个	1			
10	030901008001	末端试水装置	1. 规格：DN25 2. 组装形式：整体组装	组	1	203.97	203.97	
	CJ0101		末端试水装置 DN25	组	1			

续表

序号	项目编码	项目名称	项目特征描述	计量单位	工程量	金额/元		其中
						综合单价	合价	暂估价
11	030901003001	水喷淋喷头	1. 安装部位：室内 2. 材质、型号、规格：有吊顶、DN15 3. 连接形式：螺纹连接 4. 装饰盘设计要求：详见设计说明	个	16	32.45	519.20	
	CJ0066	水喷淋喷头安装（有吊顶）DN15		个	16			
12	031002001001	管道支架	1. 材质：型钢 2. 管架形式：一般管架	kg	41.256	13.78	568.51	
	CJ0220	管道支（吊）架制作、安装		kg	41.256			
13	031201003001	金属结构刷油	1. 除锈级别：轻锈 2. 油漆品种：红丹防锈漆、灰色调和漆 3. 结构类型：一般管架 4. 涂刷遍数：两遍	kg	41.256	1.58	65.18	
	CM0007	金属结构除锈，轻锈		个	1			
	CM0117	红丹防锈漆第一遍		kg	41.256			
	CM0118	红丹防锈漆第二遍		kg	41.256			
	CM0126	灰色调和漆第一遍		kg	41.256			
	CM0127	灰色调和漆第二遍		kg	41.256			
14	031201001001	管道刷油	1. 油漆品种：红色调和漆 2. 涂刷遍数：两遍	m²	13.96	5.74	80.13	
	CM0060	红色调和漆第一遍		m²	13.96			
	CM0061	红色调和漆第二遍		m²	13.96			
15	010101007001	管沟土方	人工挖填室内管沟土方	m³	8.54	41.18	351.68	
	CK1276	人工挖填室内管沟土方		10m³	0.854			

表2.3 用到的主材单价

序号	主材名称及规格	单位	单价/元	序号	主材名称及规格	单位	单价/元
1	镀锌钢管 DN100	m	51.31	12	平焊法兰 DN100	片	30.00
2	镀锌钢管接头零件 DN100	个	8.40	13	自动排气阀 DN20	个	23.50
3	镀锌钢管 DN50	m	24.39	14	低压法兰阀门 DN100	个	72.00
4	镀锌钢管接头零件 DN50	个	5.40	15	低压碳钢对焊法兰 DN100	片	50.00
5	镀锌钢管 DN40	m	5	16	水流指示器 DN100	个	126.30
6	镀锌钢管接头零件 DN40	个	4.80	17	末端试水装置 DN25	套	25.00
7	镀锌钢管 DN32	m	15.31	18	喷头 DN15	个	12.00
8	镀锌钢管接头零件 DN32	个		19	型钢	kg	4.00
9	镀锌钢管 DN25	m	10.98	20	红丹防锈漆 C53-1	kg	5.50
10	镀锌钢管接头零件 DN25	个	3.80	21	酚醛调和漆各色	kg	5.00
11	湿式报警装置 DN100	套	420.00				

表 2.4　综合单价分析表

工程名称：某消防自动喷淋系统　　　　　　　　　　　　　　　　　　　　第 1 页　共 2 页

项目编码	030901001001		项目名称		水喷淋钢管		计量单位		m	工程量	13.4

清单综合单价组成明细

定额编号	定额项目名称	定额单位	数量	单价/元				合价/元			
				人工费	材料费	机械费	综合费	人工费	材料费	机械费	综合费
CJ0007	水喷淋镀锌钢管 DN100 螺纹连接	10m	1.34	221.57	38.95	12.82	58.60	296.90	52.19	17.18	78.52
人工单价		小计						296.90	52.19	17.18	78.52
85 元/工日		未计价材料费						759.79			
清单项目综合单价								89.89			

材料费明细	主要材料名称、规格、型号		单位	数量	单价/元	合价/元	暂估单价/元	暂估合价/元
	镀锌钢管 DN100		m	13.67	51.31	701.41		
	镀锌钢管接头零件 DN100		个	6.95	8.40	58.38		
	其他材料费							
	材料费小计				—	759.79		

工程名称：某消防自动喷淋系统　　　　　　　　　　　　　　　　　　　　第 2 页　共 2 页

项目编码	031003003001		项目名称		焊接法兰阀门		计量单位		个	工程量	1

清单综合单价组成明细

定额编号	定额项目名称	定额单位	数量	单价/元				合价/元			
				人工费	材料费	机械费	综合费	人工费	材料费	机械费	综合费
CH1959	低压法兰阀门 DN100（信号蝶阀）	个	1	61.46	7.75	3.42	12.65	61.46	7.75	3.42	12.65
CH2235	低压碳钢对焊法兰 DN100 电弧焊	副	1	36.02	11.82	7.25	8.44	36.02	11.82	7.25	8.44
CF0610	电动蝶阀检查接线	台	1	40.19	5.03	4.17	11.09	40.19	5.03	4.17	11.09
人工单价		小计						137.67	24.60	14.84	32.18
85 元/工日		未计价材料费						172.00			
清单项目综合单价								381.29			

材料费明细	主要材料名称、规格、型号		单位	数量	单价/元	合价/元	暂估单价/元	暂估合价/元
	低压法兰阀门 DN100		个	1	72.00	72.00		
	低压碳钢对焊法兰 DN100		片	2	50.00	100.00		
	其他材料费							
	材料费小计				—	172.00		

2.2 某消防工程喷淋系统计量与计价实例

1. 工程概况与设计说明

某消防工程平面图如图 2.2 所示，主要设备及材料见表 2.5。设计说明如下。

1）尺寸单位：管道长度和标高以 m 计，其余均以 mm 计。

2）室内、室外消火栓给水系统及喷淋系统采用管材与接口：管道采用热镀锌钢管，钢管采用沟槽式管道连接件连接（$DN \geqslant 65mm$）和螺纹连接（$DN < 65mm$）。

3）水平管标高为 3.6m，喷头标高为 3m，末端试水装置排水管标高为 0.5m。

4）钢管外表面防腐：室内明装管道，刷红丹防锈漆一遍，外刷红色调和漆两遍，每隔 10m 时每层按所属系统书写黄色"消火栓"或"喷淋"字样。

5）管道在穿越楼板及钢筋混凝土墙处应做套管。管道在穿越地下室外墙、卫生间地楼面及屋面处应设防水套管。

表 2.5 主要设备及材料

序号	图例	名称	型号规格	单位	数量	备注
1		水流指示器	$DN100$	个	4	
2		安全信号阀	$DN100$	个	4	
3		闭式喷头	$DN15$	个	157	
4		末端试水装置	$DN25$	套	1	
5		末端泄水装置	$DN25$	套	3	
6		自动空气排气阀	$DN25$	个	1	
7		闸阀	$DN70$	个	2	
8		闸阀	$DN80$	个	2	
9		闸阀	$DN100$	个	9	
10		闸阀	$DN150$	个	6	
11		止回阀	$DN80$	个	2	
12		止回阀	$DN150$	个	2	
13		偏心异径管	$DN150 \times 100$	个	2	
14		压力表	$DN25$	个	1	
15		可曲挠橡胶接头	$DN150$	个	4	
16		消防水泵接合器	$DN100$	套	3	地上式
17		室外地上消火栓	$DN100$	套	2	地上式
18		室内消火栓	$DN65$	套	12	
19		蝶阀	$DN100/DN150$	个	2/1	
20		热镀锌钢管	$DN25 \sim 150$	m	—	
21		磷酸铵盐干粉灭火器	MFZL4	具	36	
22		螺翼式水表	LXL-100N	套	2	
23		Y 形过滤器	$DN100$	套	2	

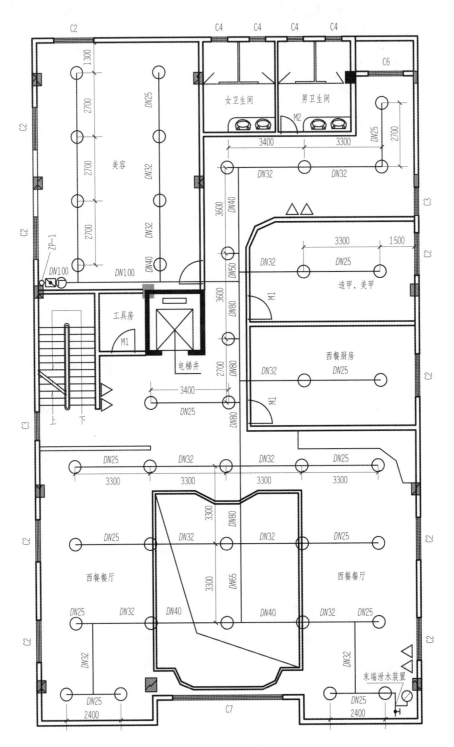

图 2.2　某消防工程平面图

2. 工程量计算

某消防工程喷淋系统工程量计算见表2.6。

表2.6 某消防工程喷淋系统工程量计算

序号	项目名称	单位	工程量	计算式
1	水喷淋镀锌钢管 $DN100$ 沟槽连接	m	5.22	5.22
2	水喷淋镀锌钢管 $DN80$ 沟槽连接	m	14.5	3.4+11.1=14.5
3	水喷淋镀锌钢管 $DN65$ 沟槽连接	m	3.3	3.3
4	管件三通 $DN100×DN40$	个	2	
5	管件变径 $DN100×DN80$	个	1	
6	管件三通 $DN80$	个	1	
7	管件变径 $DN80×DN50$	个	1	
8	管件三通 $DN80×DN32$	个	2	
9	管件三通 $DN80×DN25$	个	1	
10	管件四通 $DN80×DN32$	个	2	
11	管件变径 $DN80×DN65$	个	1	
12	管件中大三通 $DN65×DN40$	个	1	
13	水喷淋镀锌钢管 $DN50$ 螺纹连接	m	1.2	1.2
14	水喷淋镀锌钢管 $DN40$ 螺纹连接	m	11.6	0.7×2+3.6+3.3×2= 11.6
15	水喷淋镀锌钢管 $DN32$ 螺纹连接	m	47.1	2.7×2×2+(3.4-0.4)+3.3+2.8×2+0.4+3.3×2×2+2.2+3+2.6+3 =47.1
16	水喷淋镀锌钢管 $DN25$ 螺纹连接	m	66.9	2.7×2+2.7+0.4×3+3.3×2+3.4+3.3×2×2+0.7+2.4+1+2.4+[0.4+1+ (3.6-0.5)]+(3.6-3)×39=66.9
17	钢套管 $DN100$	个	1	
18	钢套管 $DN50$	个	2	
19	安全信号阀 $DN100$ 安装	个	1	1
20	水流指示器 $DN100$	个	1	1
21	末端泄水装置 $DN25$	组	1	1
22	水喷淋喷头 $DN15$ 安装	个	39	39
23	管道刷红丹防锈漆一遍	m²	22.03	$S = \sum \pi \times D \times L$ =3.14×0.114×5.22($DN100$)+3.14×0.089×14.5($DN80$)+3.14 ×0.076×3.3($DN65$)+3.14×0.057×1.2($DN50$)+3.14×0.048 ×11.6($DN40$)+3.14×0.042×47.1($DN32$)+3.14×0.034 ×66.9($DN25$)≈22.03
24	管道刷红色调和漆两遍	m²	22.03	22.03
25	管道支（吊）架制作、安装	kg	53.74	5.22/10×11.23($DN100$)+14.5/10×8.41($DN80$)+3.3/10×8.13($DN65$)+ 1.2/10×6.89($DN50$)+11.6/10×4.94($DN40$)+47.1/10×2.49($DN32$)+ 66.9/10×2.2 ($DN25$)≈53.74
26	管道支（吊）架红丹防锈漆一遍	kg	53.74	53.74
27	管道支（吊）架刷红色调和漆两遍	kg	53.74	53.74
28	水灭火控制装置调试	点	1	1

3. 工程量清单与计价

依据《通用安装工程工程量计算规范》（GB 50856—2013）及《四川省建设工程工程量清单计价定额——通用安装工程》（2015），编制消防工程分部分项工程量清单与计价表，见表 2.7；用到的主材单价见表 2.8，综合单价分析表见表 2.9。

表 2.7　消防工程分部分项工程量清单与计价表

序号	项目编码	项目名称	项目特征描述	计量单位	工程量	综合单价	合价	其中暂估价
1	030901001001	水喷淋钢管	1. 安装部位：室内 2. 材质、规格：镀锌钢管 DN100 3. 连接形式：沟槽连接 4. 压力试验及吹洗要求：详见设计说明 5. 管件：沟槽连接件	m	5.22	153.06	798.97	
	CJ0012	水喷淋镀锌钢管 DN100 沟槽连接管道安装		m	5.22			
	CJ0032	水喷淋镀锌钢管 DN100 沟槽连接管件安装		个	3			
2	030901001002	水喷淋钢管	1. 安装部位：室内 2. 材质、规格：镀锌钢管 DN80 3. 连接形式：沟槽连接 4. 压力试验及吹洗要求：详见设计说明 5. 管件：沟槽连接件	m	14.5	118.14	1713.03	
	CJ0011	水喷淋镀锌钢管 DN80 沟槽连接管道安装		m	14.5			
	CJ0031	水喷淋镀锌钢管 DN80 沟槽连接管件安装		个	8			
3	030901001003	水喷淋钢管	1. 安装部位：室内 2. 材质、规格：镀锌钢管 DN65 3. 连接形式：沟槽连接 4. 压力试验及吹洗要求：详见设计说明 5. 管件：沟槽连接件	m	3.3	73.66	243.08	
	CJ0010	水喷淋镀锌钢管 DN65 沟槽连接管道安装		m	3.3			
	CJ0030	水喷淋镀锌钢管 DN65 沟槽连接管件安装		个	1			
4	030901001004	水喷淋钢管	1. 安装部位：室内 2. 材质、规格：镀锌钢管 DN50 3. 连接形式：螺纹连接 4. 压力试验及吹洗要求：详见设计说明	m	1.2	53.35	64.02	
	CJ0004	水喷淋镀锌钢管 DN50 螺纹连接		10m	0.12			
5	030901001005	水喷淋钢管	1. 安装部位：室内 2. 材质、规格：镀锌钢管 DN40 3. 连接形式：螺纹连接 4. 压力试验及吹洗要求：详见设计说明	m	11.6	46.93	544.39	
	CJ0003	水喷淋镀锌钢管 DN40 螺纹连接		10m	1.16			

续表

序号	项目编码	项目名称	项目特征描述	计量单位	工程量	综合单价	合价	其中 暂估价
6	030901001006	水喷淋钢管	1. 安装部位：室内 2. 材质、规格：镀锌钢管 DN32 3. 连接形式：螺纹连接 4. 压力试验及吹洗要求：详见设计说明	m	47.1	38.67	1821.36	
	CJ0002	水喷淋镀锌钢管 DN32 螺纹连接		10m	4.71			
7	030901001007	水喷淋钢管	1. 安装部位：室内 2. 材质、规格：镀锌钢管 DN25 3. 连接形式：螺纹连接 4. 压力试验及吹洗要求：详见设计说明	m	66.9	32.37	2165.55	
	CJ0001	水喷淋镀锌钢管 DN25 螺纹连接		10m	6.69			
8	031002003008	套管	1. 名称、类型：一般穿墙套管 2. 材质：钢管 3. 规格：DN100	个	1	55.57	55.57	
	CH3613	一般穿墙套管制作安装		个	1			
9	031002003009	套管	1. 名称、类型：一般穿墙套管 2. 材质：钢管 3. 规格：DN50	个	2	23.01	46.02	
	CH3612	一般穿墙套管制作安装		个	2			
10	031003003010	焊接法兰阀门	1. 类型：安全信号阀 2. 规格、压力等级：DN100 3. 连接形式：法兰连接 4. 电气：接线调试	个	1	381.29	381.29	
	CH1959	低压法兰阀门 DN100（信号蝶阀）		个	1			
	CH2235	低压碳钢对焊法兰 DN100 电弧焊		副	1			
	CF0610	电动蝶阀检查接线		台	1			
11	030901006011	水流指示器	1. 规格、型号：DN100 2. 连接方式：螺纹连接 3. 电气：接线调试	个	1	418.98	418.98	
	CJ0085	水流指示器 DN100 螺纹连接		个	1			
	CD0461	流水开关接线		个	1			
12	030901008012	末端试水装置	1. 规格：DN25 2. 组装形式：整体组装	组	1	203.97	203.97	
	CJ0101	末端试水装置 DN25		组	1			
13	030901003013	水喷淋喷头	1. 安装部位：室内 2. 材质、型号、规格：有吊顶，DN15 3. 连接形式：螺纹连接 4. 装饰盘设计要求：见设计说明	个	39	32.45	1265.55	
	CJ0066	水喷淋喷头安装，有吊顶 DN15		个	39			
14	031002001014	管道支架	1. 材质：型钢 2. 管架形式：一般管架	kg	53.74	13.77	740.00	
	CJ0220	管道支（吊）架制作、安装		100kg	0.537			

续表

序号	项目编码	项目名称	项目特征描述	计量单位	工程量	综合单价	合价	其中 暂估价
15	031201003015	金属结构刷油	1. 除锈级别：轻锈 2. 油漆品种：红丹防锈漆、红色调和漆 3. 结构类型：一般管架 4. 涂刷遍数：红丹防锈漆一遍、红色调和漆两遍	kg	53.74	1.20	64.49	
	CM0007	金属结构除锈，轻锈		100kg	0.537			
	CM0117	红丹防锈漆第一遍		100kg	0.537			
	CM0126	红色调和漆第一遍		100kg	0.537			
	CM0127	红色调和漆第二遍		100kg	0.537			
16	031201001016	管道刷油	1. 油漆品种：红色调和漆 2. 涂刷遍数：两遍	m²	22.03	4.94	108.74	
	CM0060	红色调和漆第一遍		10m²	2.203			
	CM0061	红色调和漆第二遍		10m²	2.203			
17	030905002017	水灭火控制装置调试	系统形式：喷淋系统	点	1	7700.13	7700.13	
	CJ0317	水灭火控制装置调试		系统	1			

表 2.8　用到的主材单价

序号	主材名称及规格	单位	单价/元	序号	主材名称及规格	单位	单价/元
1	镀锌钢管 DN100	m	51.31	14	镀锌钢管接头零件 DN25	个	3.80
2	镀锌钢管沟槽直接头 DN100	个	15.58	15	沟槽连接件 DN100	套	58.00
3	镀锌钢管 DN80	m	47.24	16	沟槽连接件 DN80	套	48.00
4	镀锌钢管沟槽直接头 DN80	个	12.08	17	沟槽连接件 DN65	套	40.00
5	镀锌钢管 DN65	m	37.75	18	信号蝶阀 DN100	个	72.00
6	镀锌钢管沟槽直接头 DN65	个	11.13	19	低压碳钢对焊法兰 DN100	片	50.00
7	镀锌钢管 DN50	m	24.39	20	水流指示器 DN100	个	126.30
8	镀锌钢管接头零件 DN50	个	5.40	21	末端试水装置 DN25	套	25.00
9	镀锌钢管 DN40	m	17.84	22	水喷淋喷头 DN15	个	12.00
10	镀锌钢管接头零件 DN40	个	4.80	23	型钢	kg	4.00
11	镀锌钢管 DN32	m	15.31	24	红丹防锈漆 C53-1	kg	5.50
12	镀锌钢管接头零件 DN32	个	4.20	25	酚醛调和漆红色	kg	5.00
13	镀锌钢管 DN25	m	10.98				

表 2.9　综合单价分析表

工程名称：某消防工程喷淋系统　　　　　　　　　　　　　　　　　　　　　　　第 1 页　共 10 页

项目编码	030901001001	项目名称		水喷淋钢管		计量单位		m	工程量		5.22

| | | | | | | 清单综合单价组成明细 | | | | | |

定额编号	定额项目名称	定额单位	数量	单价/元				合价/元			
				人工费	材料费	机械费	综合费	人工费	材料费	机械费	综合费
CJ0012	水喷淋镀锌钢管 DN100 沟槽连接管道安装	m	5.22	13.3	0.93	0.76	3.52	69.43	4.85	3.97	18.37

续表

定额编号	定额项目名称	定额单位	数量	单价/元				合价/元			
				人工费	材料费	机械费	综合费	人工费	材料费	机械费	综合费
CJ0032	水喷淋镀锌钢管 DN100 沟槽连接管件安装	个	3	14.51	1.13	0.82	3.83	43.62	3.39	2.46	11.49
人工单价			小计					113.05	8.24	6.43	29.86
85 元/工日			未计价材料费					641.39			
		清单项目综合单价						153.06			

材料费明细	主要材料名称、规格、型号	单位	数量	单价/元	合价/元	暂估单价/元	暂估合价/元
	镀锌钢管 DN100	m	5.32	51.31	272.97		
	镀锌钢管沟槽直接头 DN100	套	0.87	15.58	13.55		
	沟槽连接件 DN100	套	3.015	58.00	174.87		
	其他材料费						
	材料费小计			—	461.39		

工程名称：某消防工程喷淋系统　　　　　　　　　　　　　　　　　　　　第 2 页　共 10 页

项目编码	031002003008	项目名称	套管	计量单位	个	工程量	1

清单综合单价组成明细

定额编号	定额项目名称	定额单位	数量	单价/元				合价/元			
				人工费	材料费	机械费	综合费	人工费	材料费	机械费	综合费
CH3613	一般穿墙钢套管制作安装	个	1	24.99	8.94	0.37	4.95	24.99	8.94	0.37	4.95
人工单价			小计					24.99	8.94	0.37	4.95
85 元/工日			未计价材料费					16.32			
		清单项目综合单价						55.57			

材料费明细	主要材料名称、规格、型号	单位	数量	单价/元	合价/元	暂估单价/元	暂估合价/元
	镀锌钢管 DN100	m	0.318	51.31	16.32		
	其他材料费						
	材料费小计			—	16.32		

工程名称：某消防工程喷淋系统　　　　　　　　　　　　　　　　　　　　第 3 页　共 10 页

项目编码	031003003010	项目名称	焊接法兰阀门	计量单位	个	工程量	1

清单综合单价组成明细

定额编号	定额项目名称	定额单位	数量	单价/元				合价/元			
				人工费	材料费	机械费	综合费	人工费	材料费	机械费	综合费
CH1959	低压法兰阀门 DN100（信号蝶阀）	个	1	61.46	7.75	3.42	12.65	61.46	7.75	3.42	12.65
CH2235	低压碳钢对焊法兰 DN100 电弧焊	副	1	36.02	11.82	7.25	8.44	36.02	11.82	7.25	8.44
CF0610	电动蝶阀检查接线	台	1	40.19	5.03	4.17	11.09	40.19	5.03	4.17	11.09
人工单价			小计					137.67	24.60	14.84	32.18
85 元/工日			未计价材料费					172.00			
		清单项目综合单价						381.29			

续表

材料费明细	主要材料名称、规格、型号	单位	数量	单价/元	合价/元	暂估单价/元	暂估合价/元
	信号蝶阀 DN100	个	1	72.00	72.00		
	低压碳钢对焊法兰 DN100	片	2	50.00	100.00		
	其他材料费						
	材料费小计			—	172.00		

工程名称：某消防工程喷淋系统　　　　　　　　　　　　　　　　　　　第 4 页　共 10 页

项目编码	030901006011	项目名称		水流指示器		计量单位		个	工程量		1

清单综合单价组成明细

定额编号	定额项目名称	定额单位	数量	单价/元				合价/元			
				人工费	材料费	机械费	综合费	人工费	材料费	机械费	综合费
CJ0085	水流指示器 DN100 螺纹连接	个	1	87.90	34.59	21.53	27.36	87.90	34.59	21.53	27.36
CD0461	流水开关接线	个	1	8.90	0.35	—	2.05	8.90	0.35	—	2.05
人工单价			小计					96.80	34.94	21.53	29.41
85 元/工日			未计价材料费					236.30			
清单项目综合单价								418.98			

材料费明细	主要材料名称、规格、型号	单位	数量	单价/元	合价/元	暂估单价/元	暂估合价/元
	水流指示器 DN100	个	1	126.30	126.30		
	低压碳钢对焊法兰 DN100	片	2.2	50.00	110.00		
	其他材料费						
	材料费小计			—	236.30		

工程名称：某消防工程喷淋系统　　　　　　　　　　　　　　　　　　　第 5 页　共 10 页

项目编码	030901008012	项目名称		末端试水装置		计量单位		组	工程量		1

清单综合单价组成明细

定额编号	定额项目名称	定额单位	数量	单价/元				合价/元			
				人工费	材料费	机械费	综合费	人工费	材料费	机械费	综合费
CJ0101	末端试水装置 DN25	组	1	89.07	64.42	2.57	22.91	89.07	64.42	2.57	22.91
人工单价			小计					89.07	64.42	2.57	22.91
85 元/工日			未计价材料费					25.00			
清单项目综合单价								203.97			

材料费明细	主要材料名称、规格、型号	单位	数量	单价/元	合价/元	暂估单价/元	暂估合价/元
	末端试水装置 DN25	套	1	25.00	25.00		
	其他材料费						
	材料费小计			—	25.00		

工程名称：某消防工程喷淋系统   第6页 共10页

项目编码	030901003013	项目名称	水喷淋喷头	计量单位	个	工程量	39

清单综合单价组成明细

定额编号	定额项目名称	定额单位	数量	单价/元				合价/元			
				人工费	材料费	机械费	综合费	人工费	材料费	机械费	综合费
CJ0066	水喷淋喷头安装，有吊顶DN15	个	39	11.44	5.02	0.81	3.06	446.16	195.78	31.59	119.34
人工单价		小计						446.16	195.78	31.59	119.34
85 元/工日		未计价材料费						472.68			
清单项目综合单价								32.45			

材料费明细	主要材料名称、规格、型号	单位	数量	单价/元	合价/元	暂估单价/元	暂估合价/元
	水喷淋喷头 DN15	个	39.39	12.00	472.68		
	其他材料费						
	材料费小计			—	472.68		

工程名称：某消防工程喷淋系统   第7页 共10页

项目编码	031002001014	项目名称	管道支架	计量单位	kg	工程量	53.74

清单综合单价组成明细

定额编号	定额项目名称	定额单位	数量	单价/元				合价/元			
				人工费	材料费	机械费	综合费	人工费	材料费	机械费	综合费
CJ0220	管道支（吊）架制作、安装	100kg	0.537	525.01	143.69	122.67	161.92	281.93	77.16	65.87	86.95
人工单价		小计						281.93	77.16	65.87	86.95
85 元/工日		未计价材料费						194.2			
清单项目综合单价								13.77			

材料费明细	主要材料名称、规格、型号	单位	数量	单价/元	合价/元	暂估单价/元	暂估合价/元
	型钢	kg	56.92	4.00	227.68		
	其他材料费						
	材料费小计			—	227.68		

工程名称：某消防工程喷淋系统   第8页 共10页

项目编码	031201003015	项目名称	金属结构刷油	计量单位	kg	工程量	53.74

清单综合单价组成明细

定额编号	定额项目名称	定额单位	数量	单价/元				合价/元			
				人工费	材料费	机械费	综合费	人工费	材料费	机械费	综合费
CM0007	金属结构除锈，轻锈	100kg	0.537	19.86	3.20	6.16	6.51	10.66	1.72	3.31	3.50
CM0117	红丹防锈漆第一遍	100kg	0.537	13.79	2.10	6.16	4.99	7.41	1.13	3.31	2.68
CM0126	红色调和漆第一遍	100kg	0.537	13.24	0.63	6.16	4.85	7.11	0.34	3.31	2.60
CM0127	红色调和漆第二遍	100kg	0.537	13.24	0.56	6.16	4.85	7.11	0.30	3.31	2.60
人工单价		小计						32.29	3.49	13.24	11.38
85 元/工日		未计价材料费						7.46			
清单项目综合单价								1.20			

材料费明细	主要材料名称、规格、型号	单位	数量	单价/元	合价/元	暂估单价/元	暂估合价/元
	红丹防锈漆 C53-1	kg	0.62	5.50	3.41		
	酚醛调和漆红色	kg	0.81	5.00	4.05		
	其他材料费						
	材料费小计			—	7.46		

工程名称：某消防工程喷淋系统　　　　　　　　　　　　　　　　　　　　第 9 页　共 10 页

项目编码	031201001016	项目名称	管道刷油	计量单位	m²	工程量	22.03

清单综合单价组成明细

定额编号	定额项目名称	定额单位	数量	单价/元				合价/元			
				人工费	材料费	机械费	综合费	人工费	材料费	机械费	综合费
CM0060	红色调和漆第一遍	10m²	2.203	15.45	0.77	—	3.86	34.04	1.70	—	8.50
CM0061	红色调和漆第二遍	10m²	2.203	14.89	0.77	—	3.72	32.80	1.70	—	8.20
人工单价		小计						66.84	3.40		16.70
85 元/工日		未计价材料费						21.80			
清单项目综合单价								4.94			

材料费明细	主要材料名称、规格、型号	单位	数量	单价/元	合价/元	暂估单价/元	暂估合价/元
	酚醛调和漆红色	kg	4.36	5.00	21.80		
	其他材料费						
	材料费小计			—	21.80		

工程名称：某消防工程喷淋系统　　　　　　　　　　　　　　　　　　　　第 10 页　共 10 页

项目编码	030905002017	项目名称	水灭火控制装置调试	计量单位	点	工程量	1

清单综合单价组成明细

定额编号	定额项目名称	定额单位	数量	单价/元				合价/元			
				人工费	材料费	机械费	综合费	人工费	材料费	机械费	综合费
CJ0317	水灭火控制装置调试	系统	1	5648.88	119.22	415.85	1516.18	5648.88	119.22	415.85	1516.18
人工单价		小计						5648.88	119.22	415.85	1516.18
85 元/工日		未计价材料费						194.2			
清单项目综合单价								7700.13			

材料费明细	主要材料名称、规格、型号	单位	数量	单价/元	合价/元	暂估单价/元	暂估合价/元
	其他材料费						
	材料费小计			—			

3

通风与空调工程计量与计价实例

3.1 某加工车间首层通风与空调工程计量与计价实例

1. 工程概况与设计说明

本工程为某加工车间首层通风与空调工程，层高为4m，平面图如图3.1所示。

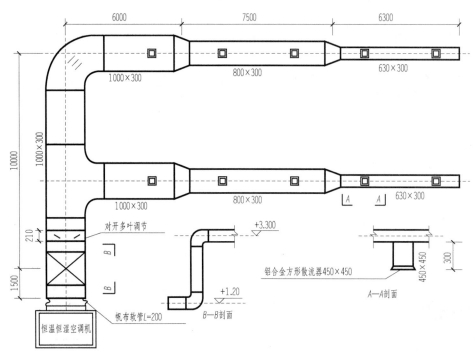

图3.1 某加工车间首层通风与空调工程平面图

1）本加工车间采用1台恒温恒湿空调机进行室内空气调节，并配合土建砌筑混凝土基础和预埋地脚螺栓安装，其型号为YSL-DHS-225，外形尺寸为1200mm×1100mm×1900mm，质量为350kg。

2）风管采用镀锌薄钢板矩形风管，咬口连接，风管规格 1000mm×300mm，板厚 $\delta=1.20$mm；风管规格 800mm×300mm，板厚 $\delta=1.00$mm；风管规格 630mm×300mm，板厚 $\delta=1.00$mm；风管规格 450mm×450mm，板厚 $\delta=0.75$mm。

3）对开多叶调节阀为成品购买，铝合金方形散流器规格为450mm×450mm。

4）风管采用橡塑保温，保温层厚度为 $\delta=25$mm。

5）导流叶片采用单叶片，厚度 $\delta=0.75$mm，共7片。

根据所给图样，从恒温恒湿空调机（包括本体）开始计算至各风口止（包括风口，工程量计算保留小数点后两位有效数字，第三位四舍五入）。

2. 工程量计算

通风与空调工程工程量计算见表3.1。

表 3.1 通风与空调工程工程量计算

序号	项目名称	单位	工程量	计算式
1	镀锌薄钢板矩形风管 1000mm×300mm，板厚 $\delta=1.20$mm，咬口连接	m²	66	$(1+0.3)\times2\times[1.5+(10-0.21)+(3.3-1.2)+6\times2]\approx66$
2	镀锌薄钢板矩形风管 800mm×300mm，板厚 $\delta=1.00$mm，咬口连接	m²	33	$(0.8+0.3)\times2\times7.5\times2=33$
3	镀锌薄钢板矩形风管 630mm×300mm，板厚 $\delta=1.00$mm，咬口连接	m²	23.4	$(0.63+0.3)\times2\times6.3\times2\approx23.4$
4	镀锌薄钢板矩形风管 450mm×450mm，板厚 $\delta=0.75$mm，咬口连接	m²	8.1	$(0.45+0.45)\times2\times(0.3+0.15)\times10=8.1$
5	帆布软接头 1000mm×300mm，$L=200$mm	m²	0.5	$(1+0.3)\times2\times0.2\approx0.5$
6	单叶片导流叶片，$H=300$mm，$\delta=0.75$mm	m²	0.8	$0.114\times7\approx0.8$
7	恒温恒湿空调机	台	1	1
8	对开多叶调节阀 1000mm×300mm，$L=210$mm	个	1	1
9	铝合金方形散流器 450mm×450mm	个	10	$5\times2=10$
10	风管橡塑玻璃棉保温	m³	3.52	$2\times(1+0.3+2\times1.033\times0.025)\times1.033\times0.025\times25.39$ $+2\times(0.8+0.3+2\times1.033\times0.025)\times1.033\times0.025\times15$ $+2\times(0.63+0.3+2\times1.033\times0.025)\times1.033\times0.025\times12.6$ $+2\times(0.45+0.45+2\times1.033\times0.025)\times1.033\times0.025\times4.5$ $=3.52$
11	通风工程检测、调试	系统	1	1
12	风管漏风试验	m²	131	$66+33+23.4+8.1+0.5=131$
13	风管漏光试验	m²	131	$66+33+23.4+8.1+0.5=131$

3. 工程量清单与计价

根据《通用安装工程工程量计算规范》（GB 50856—2013）及《四川省建设工程工程量清单计价定额——通用安装工程》（2015），编制通风与空调工程分部分项工程量清单与计价表，见表 3.2；用到的主材单价见表 3.3，综合单价分析表见表 3.4。

表 3.2 通风与空调工程分部分项工程量清单与计价表

序号	项目编码	项目名称	项目特征描述	计量单位	工程量	金额/元		
						综合单价	合价	其中 暂估价
1	030702001001	碳钢通风管道	1. 名称：薄钢板通风管道 2. 材质：镀锌 3. 形状：矩形 4. 规格：1000mm×300mm 5. 板材厚度：$\delta=1.20$mm 6. 接口形式：咬口连接	m²	66	64.00	4224.00	
	CG0086	镀锌薄钢板矩形风管 1000mm×300mm，$\delta=1.20$mm，咬口连接		10m²	6.6			

序号	项目编码	项目名称	项目特征描述	计量单位	工程量	金额/元		其中
						综合单价	合价	暂估价
2	030702001002	碳钢通风管道	1. 名称：薄钢板通风管道 2. 材质：镀锌 3. 形状：矩形 4. 规格：800mm×300mm 5. 板材厚度：$\delta = 1.00$mm 6. 接口形式：咬口连接	m²	33	63.43	2093.19	
	CG0086		镀锌薄钢板矩形风管 800mm×300mm，$\delta = 1.00$mm，咬口连接	10m²	3.3			
3	030702001003	碳钢通风管道	1. 名称：薄钢板通风管道 2. 材质：镀锌 3. 形状：矩形 4. 规格：630mm×300mm 5. 板材厚度：$\delta = 1.00$mm 6. 接口形式：咬口连接	m²	23.4	79.18	1852.81	
	CG0085		镀锌薄钢板矩形风管 630mm×300mm，$\delta = 1.00$mm，咬口连接	10m²	2.34			
4	030702001004	碳钢通风管道	1. 名称：薄钢板通风管道 2. 材质：镀锌 3. 形状：矩形 4. 规格：450mm×450mm 5. 板材厚度：$\delta = 0.75$mm 6. 接口形式：咬口连接	m²	8.1	80.92	655.45	
	CG0085		镀锌薄钢板矩形风管 450mm×450mm，$\delta = 0.75$mm，咬口连接	10m²	0.81			
5	030703019001	柔性接口	1. 名称：软接口 2. 规格：1000mm×300mm，$L = 200$mm 3. 材质：帆布	m²	0.5	314.34	157.17	
	CG0253		非金属软管接口制作、安装	m²	0.5			
6	030702009001	弯头导流叶片	1. 名称：导流叶片 2. 材质：镀锌薄钢板 3. 规格：0.114m² 4. 形式：单叶片	m²	0.80	143.73	114.98	
	CG0250		弯头导流叶片制作、安装	m²	0.80			
7	030701003001	空调器	1. 名称：恒温恒湿空调机 2. 型号：YSL-DHS-225 3. 规格：外形尺寸 1200mm×1100mm×1900mm 4. 安装形式：落地安装 5. 质量：350kg 6. 隔振垫（器）、支架形式、材质：橡胶隔振垫，$\delta = 20$mm	台	1	3779.85	3779.85	
	CG0011		恒温恒湿空调机落地安装，质量 350kg	台	1			
8	030703001001	碳钢阀门	1. 名称：对开多叶调节阀 2. 规格：1000mm×300mm，$L = 210$mm	个	1	228.35	228.35	
	CG0297		对开多叶调节阀1000mm×300mm 安装	个	1			

续表

序号	项目编码	项目名称	项目特征描述	计量单位	工程量	综合单价	合价	其中 暂估价
9	030703011001	铝及铝合金风口、散流器	1. 名称：铝合金方形散流器 2. 规格：450mm×450mm	个	10	76.34	763.40	
	CG0467	铝合金方形散流器450mm×450mm		个	10			
10	031208003001	通风管道绝热	1. 绝热材料品种：橡塑保温 2. 绝热厚度：δ=25mm	m³	3.52	1384.63	4873.90	
	CM2230	通风管道橡塑板保温，δ=25mm		m³	3.52			
11	030704002001	风管漏光试验、漏风试验	漏光试验、漏风试验设计要求：矩形风管漏光试验、漏风试验	m²	131	2.77	362.87	
	CG0621	风管漏光试验		10m²	13.1			
	CG0622	风管漏风试验		10m²	13.1			
12	030704001001	通风工程检测、调试	风管工程量：通风系统	系统	1	708.25	708.25	

表3.3 用到的主材单价

序号	主材名称及规格	单位	单价/元	序号	主材名称及规格	单位	单价/元
1	镀锌钢板 δ=1.20mm	m²	4.50	5	橡塑/PEF保温板	m³	720.00
2	镀锌钢板 δ=1.00mm	m²	4.00	6	对开多叶调节阀 1000mm×300mm	个	180.00
3	镀锌钢板 δ=0.75mm	m²	3.50	7	铝合金方形散流器 450mm×450mm	个	60.00
4	恒温恒湿空调机 M=350kg	台	2800.00				

表3.4 综合单价分析表

工程名称：某加工车间首层通风与空调工程　　　　　第1页 共2页

项目编码	030702001001	项目名称	碳钢通风管道	计量单位	m²	工程量	66

清单综合单价组成明细

定额编号	定额项目名称	定额单位	数量	人工费	材料费	机械费	综合费	人工费	材料费	机械费	综合费
				单价/元				合价/元			
CG0086	镀锌薄钢板矩形风管1000mm×300mm，δ=1.20mm，咬口连接	10m²	6.6	274.93	231.40	10.98	71.48	1814.54	1527.24	72.47	471.77
人工单价		小计						1814.54	1527.24	72.47	471.77
85元/工日		未计价材料费						338.00			
		清单项目综合单价						64.00			

材料费明细	主要材料名称、规格、型号	单位	数量	单价/元	合价/元	暂估单价/元	暂估合价/元
	镀锌钢板 $\delta=1.20$mm	m^2	75.11	4.50	338.00		
	其他材料费						
	材料费小计			—	338.00		

工程名称：某加工车间首层通风与空调工程　　　　　　　　　　　　　　　　

项目编码	030704002001	项目名称	风管漏光试验、漏风试验	计量单位	m^2	工程量	131

清单综合单价组成明细

定额编号	定额项目名称	定额单位	数量	单价/元				合价/元			
				人工费	材料费	机械费	综合费	人工费	材料费	机械费	综合费
CG0621	风管漏光试验	10m^2	13.1	6.28	0.07	0.28	1.64	82.27	0.92	3.67	21.48
CG0622	风管漏风试验	10m^2	13.1	14.66	0.17	0.73	3.85	192.05	2.23	9.56	50.44
人工单价		小计						274.32	3.15	13.23	71.92
85 元/工日		未计价材料费									
清单项目综合单价								2.77			

材料费明细	主要材料名称、规格、型号	单位	数量	单价/元	合价/元	暂估单价/元	暂估合价/元
	其他材料费						
	材料费小计						

3.2　某办公试验楼集中通风与空调工程计量与计价实例

1．工程概况与设计说明

某办公试验楼集中通风与空调工程，如图 3.2 所示，空调设备部件见表 3.5。

表 3.5　空调设备及部件

序号	名称	规格型号	长度/mm	质量/kg
1	空调器	分段组装 ZK20000	—	3000
2	矩形风管	500mm×300mm	图示	—
3	渐缩风管	500mm×300mm/250mm×200mm	图示	—
4	圆形风管	$\phi250$	图示	—
5	矩形蝶阀	500mm×300mm	200	13.85
6	矩形止回阀	500mm×300mm	200	15.00
7	圆形蝶阀	$\phi250$	200	3.43

序号	名称	规格型号	长度/mm	质量/kg
8	插板式送风口	200mm×120mm	—	0.88
9	圆形散流器	ϕ250	200	5.45
10	风管检查孔	310mm×260mm	—	4.00
11	温度测定孔	T-614	—	0.50
12	软管接口	500mm×300mm	200	—

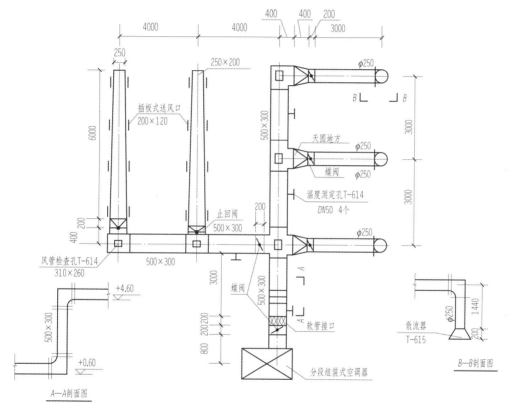

图 3.2　某办公试验楼集中通风与空调工程平面图

设计说明如下。

1）图 3.2 为某化工厂办公试验楼的集中通风与空调工程平面图。图 3.2 中标注尺寸标高以 m 计，其他均以 mm 计。

2）集中通风与空调工程的设备为分段组装式空调器，落地安装。

3）风管及其管件采用镀锌钢板（咬口）现场制作安装，天圆地方按大口径计。

4）风管系统中的软管接口、风管检查孔、温度测定孔、插板式送风口为现场制作与安装，阀件、散流器为供应成品现场安装。

5）风管、法兰、加固框、吊托支架除锈后刷防锈漆两道。

6）风管保温，本工程不作考虑。

7）其他未尽事宜均视为与《全国统一安装工程预算定额》（原冶金工业部主编，北京：中国计划出版社）的要求相符。

2．工程量计算

某办公试验楼集中通风与空调工程工程量计算见表 3.6。

表 3.6　某办公试验楼集中通风与空调工程工程量计算

序号	项目名称	单位	工程量	计算式
1	镀锌薄钢板矩形风管 500mm×300mm，板厚 δ=0.6mm，咬口连接	m²	38.95	L=0.2+3+0.5/2+(4.6-0.6)+3+3+(0.4+0.4/2)×3+4+4+0.4-0.2+0.4×2=24.25（m） S=2×(0.5+0.3)×24.25+0.5×0.3=38.95
2	镀锌薄钢板圆形风管 φ250，板厚 δ=0.5mm，咬口连接	m²	8.57	L=(3+0.4/2+0.44)×3=10.92（m） S=3.14×0.25×10.92=8.57
3	镀锌薄钢板渐缩风管 500mm×300mm/250mm×200mm，板厚 δ=0.6mm，咬口连接	m²	15.1	L=2×6=12（m） S=[(0.5+0.3)×2+(0.25+0.2)×2]/2×12+0.25×0.2×2=15.1
4	帆布软接头 500mm×300mm，L=200mm	m²	0.32	2×(0.5+0.3)×0.2=0.32
5	分段组装式空调器 ZK20000 1600mm(长)×1200mm(宽)×1000mm(高)	台	1	1
6	空调器基础（10 号型钢）	kg	56	(1.6+1.2) ×2×10=56
7	矩形蝶阀 500mm×300mm，L=200mm	个	2	2
8	圆形蝶阀 φ250，L=200mm	个	3	3
9	矩形止回阀 500mm×300mm，L=200mm	个	2	2
10	圆形散流器 φ250	个	3	3
11	插板式送风口 200mm×120mm	个	16	16
12	风管检查孔 310mm×260mm	个	5	5
13	温度测定孔 T-614	个	4	4
14	通风工程检测、调试	系统	1	1
15	风管漏风试验	m²	62.94	38.95+8.57+15.10+0.32= 62.94
16	风管漏光试验	m²	62.94	38.95+8.57+15.10+0.32= 62.94

3．工程量清单与计价

依据《通用安装工程工程量计算规范》（GB 50856—2013）及《四川省建设工程工程量清单计价定额——通用安装工程》（2015），编制通风与空调工程分部分项工程量清单与计价表，见表 3.7；用到的主材单价见表 3.8，综合单价分析表见表 3.9。

表 3.7　通风与空调工程分部分项工程量清单与计价表

序号	项目编码	项目名称	项目特征描述	计量单位	工程量	综合单价	合价	其中 暂估价
1	030702001001	碳钢通风管道	1. 名称：薄钢板通风管道 2. 材质：镀锌薄钢板 3. 形状：矩形 4. 规格：500mm×300mm 5. 板材厚度：$\delta=0.6$mm 6. 接口形式：咬口连接	m²	38.95	80.92	3151.83	
	CG0085	镀锌薄钢板矩形风管 500mm×300mm，$\delta=0.6$mm，咬口连接		10m²	3.895			
2	030702001002	碳钢通风管道	1. 名称：薄钢板通风管道 2. 材质：镀锌薄钢板 3. 形状：圆形 4. 规格：$\phi250$ 5. 板材厚度：$\delta=0.5$mm 6. 接口形式：咬口连接	m²	8.57	91.50	784.15	
	CG0077	镀锌薄钢板圆形风管$\phi250$，$\delta=0.5$mm，咬口连接		10m²	0.857			
3	030702001003	碳钢通风管道	1. 名称：薄钢板通风管道 2. 材质：镀锌薄钢板 3. 形状：渐缩风管 4. 规格：500mm×300mm/250mm×200mm 5. 板材厚度：$\delta=0.6$mm 6. 接口形式：法兰咬口连接	m²	15.1	80.92	1221.89	
	CG0085	镀锌薄钢板渐缩风管 500mm×300mm/250mm×200mm，$\delta=0.6$mm，咬口连接		10 m²	1.51			
4	030703019004	柔性接口	1. 名称：帆布软接口 2. 规格：500mm×300mm，$L=200$mm 3. 材质：帆布	m²	0.32	314.31	100.58	
	CG0253	非金属软管接口制作、安装		m²	0.32			
5	030701003005	空调器	1. 名称：分段组装式空调器 2. 型号：ZK20000 3. 规格：外形尺寸 1600mm×1200mm×1000mm 4. 安装形式：落地安装 5. 质量：3000kg 6. 隔振垫（器）、支架形式、材质：10 号型钢	台	1	5491.66	5491.66	
	CG0018	分段组装式空调器安装，质量 3000kg		100kg	30			
	CG0061	10 号型钢设备支架制作，质量 56kg		100kg	0.56			
	CG0062	10 号型钢设备支架安装，质量 56kg		100kg	0.56			
6	030703001006	碳钢阀门	1. 名称：矩形蝶阀 2. 规格：500mm×300mm，$L=200$mm	个	2	238.95	477.90	
	CG0286	矩形蝶阀安装 500mm×300mm		个	2			
7	030703001007	碳钢阀门	1. 名称：圆形蝶阀 2. 规格：$\phi250$，$L=200$mm 3. 质量：3.43kg	个	3	181.01	543.03	
	CG0284	圆形蝶阀安装 $\phi250$		个	3			

续表

序号	项目编码	项目名称	项目特征描述	计量单位	工程量	金额/元		其中
						综合单价	合价	暂估价
8	030703001008	碳钢阀门	1. 名称：矩形止回阀 2. 规格：500mm×300mm，L=200mm 3. 质量：15kg	个	2	246.65	493.30	
	CG0291	矩形止回阀安装 500mm×300mm		个	2			
9	030703007009	散流器	1. 名称：圆形散流器 2. 规格：φ250 3. 质量：5.45kg	个	3	85.97	257.91	
	CG0396	圆形散流器φ250 安装		个	3			
10	030703007010	送风口	1. 名称：插板式送风口 2. 规格：200mm×120mm	个	16	17.39	278.24	
	CG0347	插板式送风口 200mm×120mm 制作		个	16			
	CG0386	插板式送风口 200mm×120mm 安装		个	16			
11	030702010011	风管检查孔	1. 名称：风管检查孔 2. 规格：310mm×260mm 3. 质量：4kg	个	5	90.19	450.95	
	CG0251	风管检查孔 310mm×260mm，4kg 制作、安装		个	5			
12	030702011012	温度测定孔	1. 名称：温度测定孔 2. 规格：T-614 3. 质量：0.5kg	个	4	58.37	233.48	
	CG0252	温度测定孔 T-614		个	4			
13	030704002013	风管漏光试验、漏风试验	漏光试验、漏风试验设计要求：矩形风管漏光试验、漏风试验	m²	62.94	2.77	174.34	
	CG0621	风管漏光试验		10m²	6.294			
	CG0622	风管漏风试验		10m²	6.294			
14	030704001014	通风工程检测调试	风管工程量：通风系统	系统	1	741.24	741.24	

表 3.8　用到的主材单价

序号	主材名称及规格	单位	单价/元	序号	主材名称及规格	单位	单价/元
1	镀锌钢板 δ=0.6mm	m²	3.50	4	圆形散流器φ250	个	60.00
2	镀锌钢板 δ=0.5mm	m²	3.30	5	圆形蝶阀φ250	个	160.00
3	矩形蝶阀 500mm×300mm	个	180.00	6	矩形止回阀 500mm×300mm	个	200.00

表 3.9　综合单价分析表

工程名称：某办公试验楼集中通风与空调工程　　　　　　　　　　　　　　　　第 1 页　共 9 页

项目编码	030702001001		项目名称	碳钢通风管道		计量单位	m²	工程量	38.95

清单综合单价组成明细

定额编号	定额项目名称	定额单位	数量	单价/元				合价/元			
				人工费	材料费	机械费	综合费	人工费	材料费	机械费	综合费
CG0085	镀锌薄钢板矩形风管 500mm×300mm，δ=0.6mm，咬口连接	10m²	3.895	365.84	286.84	20.16	96.50	1424.95	1117.24	78.52	375.87

续表

定额编号	定额项目名称	定额单位	数量	单价/元				合价/元			
				人工费	材料费	机械费	综合费	人工费	材料费	机械费	综合费
人工单价		小计						1424.95	1117.24	78.52	375.87
85 元/工日		未计价材料费						155.16			
清单项目综合单价								80.92			

材料费明细	主要材料名称、规格、型号	单位	数量	单价/元	合价/元	暂估单价/元	暂估合价/元
	镀锌钢板 δ=0.6mm	m^2	44.33	3.50	155.16		
	其他材料费						
	材料费小计			—	155.16		

工程名称：某办公试验楼集中通风与空调工程　　　　第 2 页　共 9 页

项目编码	030702001002	项目名称	碳钢通风管道	计量单位	m^2	工程量	8.57

清单综合单价组成明细

定额编号	定额项目名称	定额单位	数量	单价/元				合价/元			
				人工费	材料费	机械费	综合费	人工费	材料费	机械费	综合费
CG0077	镀锌薄钢板圆形风管ϕ250，δ=0.5mm，咬口连接	$10m^2$	0.857	495.32	230.83	21.97	129.32	424.49	197.82	18.83	110.83
人工单价		小计						424.49	197.82	18.83	110.83
85 元/工日		未计价材料费						32.18			
清单项目综合单价								91.50			

材料费明细	主要材料名称、规格、型号	单位	数量	单价/元	合价/元	暂估单价/元	暂估合价/元
	镀锌钢板 δ=0.5mm	m^2	9.75	3.30	32.18		
	其他材料费						
	材料费小计			—	32.18		

工程名称：某办公试验楼集中通风与空调工程　　　　第 3 页　共 9 页

项目编码	030703019004	项目名称	柔性接口	计量单位	m^2	工程量	0.32

清单综合单价组成明细

定额编号	定额项目名称	定额单位	数量	单价/元				合价/元			
				人工费	材料费	机械费	综合费	人工费	材料费	机械费	综合费
CG0253	非金属软管接口制作、安装 500mm×300mm	m^2	0.32	113.50	169.75	2.15	28.91	36.32	54.32	0.688	9.25
人工单价		小计						36.32	54.32	0.688	9.25
85 元/工日		未计价材料费									
清单项目综合单价								314.31			

材料费明细	主要材料名称、规格、型号	单位	数量	单价/元	合价/元	暂估单价/元	暂估合价/元
	其他材料费						
	材料费小计						

项目编码	030701003005	项目名称	空调器	计量单位	台	工程量	1

清单综合单价组成明细

定额编号	定额项目名称	定额单位	数量	单价/元 人工费	材料费	机械费	综合费	合价/元 人工费	材料费	机械费	综合费
CG0018	分段组装式空调器安装,质量3000kg	100kg	30	111.30	4.05	21.15	33.11	3339	121.5	634.5	993.3
CG0061	10号型钢设备支架制作,质量56kg	100kg	0.56	153.50	470.39	13.02	41.63	85.96	263.42	7.29	23.31
CG0062	10号型钢设备支架安装,质量56kg	100kg	0.56	25.01	9.60	0.69	6.43	14.01	5.38	0.39	3.60
人工单价		小计						3438.97	390.3	642.18	1020.21
85元/工日		未计价材料费									
清单项目综合单价								5491.66			

材料费明细	主要材料名称、规格、型号	单位	数量	单价/元	合价/元	暂估单价/元	暂估合价/元
	其他材料费						
	材料费小计			—			

项目编码	030703001007	项目名称	碳钢阀门	计量单位	个	工程量	3

清单综合单价组成明细

定额编号	定额项目名称	定额单位	数量	单价/元 人工费	材料费	机械费	综合费	合价/元 人工费	材料费	机械费	综合费
CG0284	圆形蝶阀安装φ250	个	3	11.57	6.31	0.19	2.94	34.71	18.93	0.57	8.82
人工单价		小计						34.71	18.93	0.57	8.82
85元/工日		未计价材料费						480.00			
清单项目综合单价								181.01			

材料费明细	主要材料名称、规格、型号	单位	数量	单价/元	合价/元	暂估单价/元	暂估合价/元
	圆形蝶阀φ250	个	3	160.00	480.00		
	其他材料费						
	材料费小计			—	480.00		

项目编码	030703007009	项目名称	散流器	计量单位	个	工程量	3

清单综合单价组成明细

定额编号	定额项目名称	定额单位	数量	单价/元 人工费	材料费	机械费	综合费	合价/元 人工费	材料费	机械费	综合费
CG0396	圆形散流器φ250安装	个	3	18.73	2.56	—	4.68	56.19	7.68	—	14.04
人工单价		小计						56.19	7.68	—	14.04
85元/工日		未计价材料费						180.00			
清单项目综合单价								85.97			

续表

材料费明细	主要材料名称、规格、型号	单位	数量	单价/元	合价/元	暂估单价/元	暂估合价/元
	圆形散流器 φ250	个	3	60.00	180.00		
	其他材料费						
	材料费小计			—	180.00		

工程名称：某办公试验楼集中通风与空调工程　　　　　　　　　　　第7页 共9页

项目编码	030702010011	项目名称	风管检查孔	计量单位	个	工程量	5

清单综合单价组成明细

定额编号	定额项目名称	定额单位	数量	单价/元				合价/元			
				人工费	材料费	机械费	综合费	人工费	材料费	机械费	综合费
CG0251	风管检查孔310mm×260mm、4kg制作、安装	100kg	0.2	1155.38	680.19	104.25	314.91	231.08	136.04	20.85	62.98
人工单价		小计						231.08	136.04	20.85	62.98
85元/工日		未计价材料费									
清单项目综合单价								90.19			

材料费明细	主要材料名称、规格、型号	单位	数量	单价/元	合价/元	暂估单价/元	暂估合价/元
	其他材料费						
	材料费小计						

工程名称：某办公试验楼集中通风与空调工程　　　　　　　　　　　第8页 共9页

项目编码	030702011012	项目名称	温度测定孔	计量单位	个	工程量	4

清单综合单价组成明细

定额编号	定额项目名称	定额单位	数量	单价/元				合价/元			
				人工费	材料费	机械费	综合费	人工费	材料费	机械费	综合费
CG0252	温度测定孔T-614	个	4	33.61	13.16	2.56	9.04	134.44	52.64	10.24	36.16
人工单价		小计						134.44	52.64	10.24	36.16
85元/工日		未计价材料费									
清单项目综合单价								58.37			

材料费明细	主要材料名称、规格、型号	单位	数量	单价/元	合价/元	暂估单价/元	暂估合价/元
	其他材料费						
	材料费小计						

项目编码	030704002013	项目名称	风管漏光试验、漏风试验	计量单位	m²	工程量	62.94

清单综合单价组成明细

定额编号	定额项目名称	定额单位	数量	单价/元				合价/元			
				人工费	材料费	机械费	综合费	人工费	材料费	机械费	综合费
CG0621	风管漏光试验	10m²	6.294	6.28	0.07	0.28	1.64	39.53	0.44	1.76	10.32
CG0622	风管漏风试验	10m²	6.294	14.66	0.17	0.73	3.85	92.27	1.07	4.59	24.23
人工单价		小计						131.80	1.51	6.35	34.55
85元/工日		未计价材料费									
清单项目综合单价								2.77			

材料费明细	主要材料名称、规格、型号	单位	数量	单价/元	合价/元	暂估单价/元	暂估合价/元
	其他材料费						
	材料费小计						

该项目综合人工费：

1424.95+424.49+552.42+36.32+3438.97+57.3+34.71+47.38+56.19+168.48
+231.08+134.44+131.80=6738.54（元）

030704001014 通风工程检测调试综合单价为

6738.54×11%≈741.24（元/系统）

工业管道工程计量与计价实例

4.1　某热交换装置管道工程计量与计价实例

1. 工程概况与设计说明

某热交换装置管道系统如图 4.1 所示。

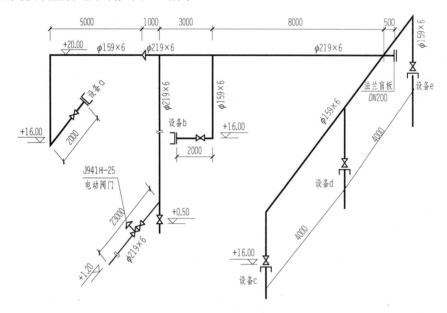

图 4.1　某热交换装置管道系统

设计说明如下。

1）图 4.1 中标注尺寸标高以 m 为计量单位，其他均以 mm 为计量单位。该管道工程工作压力为 2.0MPa。

2）管道采用 20 号碳钢无缝钢管，管件：弯头采用成品冲压弯头，三通、四通为现场挖眼连接，异径管现场制作。

3）阀门、法兰：所有法兰为碳钢对焊法兰；阀门型号除图 4.1 中说明外，均为 J41H-25，采用对焊法兰连接；系统连接全部为电弧焊。

4）管道支架为普通支架，其中 $\phi 219\times6$ 管支架共 12 处，每处 25kg；$\phi 159\times6$ 管支架共 10 处，每处 20kg。支架手工除锈后刷防锈漆、调和漆两遍。

5）管道安装完毕后做水压试验，对于 $\phi 219\times6$ 管道焊口按 50%的比例做超声波探伤，其焊口总数为 12 个；对于 $\phi 159\times6$ 管道焊口按 50%的比例做 X 射线探伤，其焊口总数为 24 个。

6）管道安装就位后，所有管道外壁手工除锈后均刷两遍防锈漆。采用岩棉管壳（厚度为 60mm）作为绝热层，外包铝箔保护层。

2. 工程量计算

某热交换装置管道工程量计算见表 4.1。

表 4.1　某热交换装置管道工程量计算

序号	项目名称	单位	工程量	计算式
1	中压无缝钢管电弧焊 ϕ219×6	m	55	$23+20-0.5+1+3+8+0.5=55$
2	中压无缝钢管电弧焊 ϕ159×6	m	37	$(2+20-16+5)+(2+20-16)+4+4+(20-16)\times3=37$
3	中压碳钢管件 DN200	个	5	$3+1+1=5$
4	中压碳钢管件 DN150	个	6	$1+5=6$
5	中压法兰阀门 DN200	个	2	$1+1=2$
6	中压法兰阀门 DN150	个	5	$1+1+1+1+1=5$
7	中压电动阀门 DN200	个	1	1
8	中压对焊法兰 DN200	副	2	2
9	中压对焊法兰 DN200	片	1	1
10	中压对焊法兰 DN150	副	2	2
11	中压对焊法兰 DN150	片	5	5
12	一般管道支架制作、安装	kg	500	$25\times12+20\times10=500$
13	焊缝超声波探伤 DN200	口	6	$12\times50\%=6$
14	焊缝 X 射线探伤（80mm×150mm）	张	60	每个焊口需要：$0.159\times3.14\div(0.15-0.025\times2)\approx5.00$ 需检测的焊口数：$24\times50\%=12$（个） 共需要：$12\times5=60$
15	管道除锈、刷防锈漆	m²	56.29	$3.14\times0.219\times55+3.14\times0.159\times37\approx56.29$
16	支架除锈、刷防锈漆	kg	500	500
17	管道绝热岩棉管壳	m³	4.6	$3.14\times(0.219+1.033\times0.06)\times1.033\times0.06\times55+3.14\times(0.159+$ $1.033\times0.06)\times1.033\times0.06\times37\approx4.6$
18	管道铝箔保护层	m²	95.06	$3.14\times(0.219+2.1\times0.06+0.0082)\times55+3.14\times(0.159+2.1\times$ $0.06+0.0082)\times37\approx95.06$

3. 工程量清单与计价

根据《通用安装工程工程量计算规范》（GB 50856—2013）及《四川省建设工程工程量清单计价定额——通用安装工程》（2015），编制工业管道工程分部分项工程量清单与计价表，见表 4.2；用到的主材单价见表 4.3，综合单价分析表见表 4.4。

表 4.2　工业管道工程分部分项工程量清单与计价表

序号	项目编码	项目名称	项目特征描述	计量单位	工程量	综合单价	合价	其中 暂估价
1	030802001001	中压碳钢管	1. 材质：20 号碳钢无缝钢管 2. 规格：ϕ219×6 3. 连接方式：电弧焊 4. 压力试验、吹扫与清洗设计要求：符合施工规范要求	m	55	114.70	6308.50	
	CH0701	中压碳钢管电弧焊 DN200		10m	5.5			
2	030802001002	中压碳钢管	1. 材质：20 号碳钢无缝钢管 2. 规格：ϕ159×6 3. 连接方式：电弧焊 4. 压力试验、吹扫与清洗设计要求：符合施工规范要求	m	37	86.32	3193.84	
	CH0700	中压碳钢管电弧焊 DN150		10m	3.7			

续表

序号	项目编码	项目名称	项目特征描述	计量单位	工程量	金额/元		其中
						综合单价	合价	暂估价
3	030805001001	中压碳钢管件	1. 材质：20 号碳钢 2. 规格：DN200 3. 连接方式：电弧焊	个	5	184.93	924.65	
	CH1676	中压碳钢管件电弧焊 DN200		10 个	0.5			
4	030805001002	中压碳钢管件	1. 材质：20 号碳钢 2. 规格：DN150 3. 连接方式：电弧焊	个	6	127.44	764.64	
	CH1675	中压碳钢管件电弧焊 DN150		10 个	0.6			
5	030808003001	中压法兰阀门	1. 名称：中压法兰截止阀 2. 型号、规格：J41H-25, DN200 3. 连接形式：法兰连接	个	2	1186.06	2372.12	
	CH2087	中压法兰截止阀 DN200		个	2			
6	030808003002	中压法兰阀门	1. 名称：中压法兰截止阀 2. 型号、规格：J41H-25, DN150 3. 连接形式：法兰连接	个	5	861.38	4306.90	
	CH2086	中压法兰截止阀 DN150		个	5			
7	030808004001	中压电动阀门	1. 名称：中压电动阀门 2. 型号、规格：J941H-25, DN200 3. 连接形式：法兰连接	个	1	1468.96	1468.96	
	CH2097	中压电动阀门 DN200		个	1			
8	030811002001	中压碳钢焊接法兰	1. 材质：中压碳钢 2. 型号规格：DN200 3. 连接形式：对焊法兰 4. 焊接方法：电弧焊	副	2	444.79	889.58	
	CH2475	中压对焊法兰电弧焊 DN200		副	2			
9	030811002002	中压碳钢焊接法兰	1. 材质：中压碳钢 2. 型号规格：DN200 3. 连接形式：对焊法兰 4. 焊接方法：电弧焊 5. 接盲板	片	1	265.01	265.01	
	CH2475 换	中压对焊法兰电弧焊 DN200		片	1			
10	030811002003	中压碳钢焊接法兰	1. 材质：中压碳钢 2. 型号规格：DN150 3. 连接形式：对焊法兰 4. 焊接方法：电弧焊	副	2	305.13	610.26	
	CH2474	中压对焊法兰电弧焊 DN150		副	2			
11	030811002004	中压碳钢焊接法兰	1. 材质：中压碳钢 2. 型号规格：DN150 3. 连接形式：对焊法兰 4. 焊接方法：电弧焊	片	5	180.53	902.65	
	CH2474 换	中压对焊法兰电弧焊 DN150		片	5			
12	030815001001	管架制作、安装	1. 单件支架质量：25kg 以下 2. 材质：型钢 3. 管架形式：一般管架	kg	500	14.33	7165.00	
	CH3150	碳钢管架制作		100kg	5			
	CH3155	一般管架安装		100kg	5			

序号	项目编码	项目名称	项目特征描述	计量单位	工程量	金额/元		
						综合单价	合价	其中 暂估价
13	030816003001	焊缝 X 射线探伤	1. 名称：焊缝 X 射线探伤 2. 底片规格：80mm×150mm 3. 管壁厚度：12mm	张	60	60.43	3625.80	
	CH3170	焊缝 X 射线探伤 80mm×150mm		10 张	6			
14	030816005001	焊缝超声波探伤	1. 名称：焊缝超声波探伤 2. 管道规格：DN200	口	6	22.32	133.92	
	CH3179	焊缝超声波探伤 DN200		10 口	0.6			
15	031201001001	管道刷油	1. 除锈级别：手工除锈，轻锈 2. 油漆品种：防锈漆 3. 涂刷遍数、漆膜厚度：两遍	m²	56.29	8.43	474.52	
	CM0001	管道手工除锈，轻锈		10m²	5.629			
	CM0053	管道刷防锈漆第一遍		10m²	5.629			
	CM0054	管道刷防锈漆第二遍		10m²	5.629			
16	031201003001	金属结构刷油	1. 除锈级别：手工除锈，轻锈 2. 油漆品种：防锈漆、调和漆 3. 结构类型：一般钢结构 4. 涂刷遍数、漆膜厚度：两种油漆各两遍	kg	500	1.56	780.00	
	CM0007	一般钢结构手工除锈，轻锈		100kg	5			
	CM0119	一般钢结构防锈漆第一遍		100kg	5			
	CM0120	一般钢结构防锈漆第二遍		100kg	5			
	CM0126	一般钢结构调和漆第一遍		100kg	5			
	CM0127	一般钢结构调和漆第二遍		100kg	5			
17	031208002001	管道绝热	1. 绝热材料品种：岩棉管壳 2. 绝热厚度：60mm 3. 管道外径：219mm、159mm	m³	4.6	512.74	2358.60	
	CM2040	管道绝热岩棉管壳 60mm		m³	4.6			
18	031208007001	保护层	1. 材料：铝箔 2. 层数：一层 3. 对象：管道	m²	95.06	22.31	2120.79	
	CM2334	管道铝箔保护层		10m²	9.506			

表 4.3 用到的主材单价

序号	主材名称及规格	单位	单价/元	序号	主材名称及规格	单位	单价/元
1	中压碳钢管 DN200	m	75.80	9	M22×90 螺栓	kg	9.91
2	中压碳钢管 DN150	m	55.82	10	中压碳钢对焊法兰 DN150	片	88.00
3	中压碳钢对焊管件 DN200	个	40.00	11	M22×85 螺栓	kg	9.66
4	中压碳钢管件电弧焊 DN150	个	30.00	12	型钢	kg	4.00
5	中压法兰截止阀 DN200	个	880.00	13	酚醛防锈漆各色	kg	5.80
6	中压法兰截止阀 DN150	个	680.00	14	酚醛调和漆各色	kg	5.00
7	中压电动阀门 DN200	个	1080.00	15	管道绝热岩棉管壳 60mm	m³	350.00
8	中压碳钢对焊法兰 DN200	片	125.00				

表4.4 综合单价分析表

工程名称：某热交换装置管道工程 第1页 共2页

项目编码	030811002001		项目名称		中压碳钢焊接法兰		计量单位	副	工程量	2

清单综合单价组成明细

定额编号	定额项目名称	定额单位	数量	单价/元				合价/元			
				人工费	材料费	机械费	综合费	人工费	材料费	机械费	综合费
CH2475	中压对焊法兰电弧焊 DN200	副	2	62.99	39.91	21.04	16.39	125.98	79.82	42.08	32.78
人工单价			小计					125.98	79.82	42.08	32.78
85元/工日			未计价材料费					608.91			
清单项目综合单价								444.79			

材料费明细	主要材料名称、规格、型号		单位		数量		单价/元	合价/元	暂估单价/元	暂估合价/元
	中压碳钢对焊法兰 DN200		片		4		125.00	500.00		
	M22×90 螺栓		kg		10.99		9.91	108.91		
	其他材料费									
	材料费小计						—	608.91		

工程名称：某热交换装置管道工程 第2页 共2页

项目编码	031201003001		项目名称		金属结构刷油		计量单位	kg	工程量	500

清单综合单价组成明细

定额编号	定额项目名称	定额单位	数量	单价/元				合价/元			
				人工费	材料费	机械费	综合费	人工费	材料费	机械费	综合费
CM0007	一般钢结构手工除锈，轻锈	100kg	5	19.86	3.20	6.16	6.51	99.30	16.00	30.80	32.55
CM0119	一般钢结构防锈漆第一遍	100kg	5	13.79	1.96	6.16	4.99	68.95	9.80	30.80	24.95
CM0120	一般钢结构防锈漆第二遍	100kg	5	13.24	1.75	6.16	4.85	66.20	8.75	30.80	24.25
CM0126	一般钢结构调和漆第一遍	100kg	5	13.24	0.63	6.16	4.85	66.20	3.15	30.80	24.25
CM0127	一般钢结构调和漆第二遍	100kg	5	13.24	0.56	6.16	4.85	66.20	2.80	30.80	24.25
人工单价			小计					366.85	40.50	154.00	130.25
85元/工日			未计价材料费					86.80			
清单项目综合单价								1.56			

材料费明细	主要材料名称、规格、型号		单位		数量		单价/元	合价/元	暂估单价/元	暂估合价/元
	酚醛防锈漆各色		kg		8.50		5.80	49.30		
	酚醛调合漆各色		kg		7.50		5.00	37.50		
	其他材料费									
	材料费小计						—	86.80		

4.2　某消防泵房管道工程计量与计价实例

1．工程概况与设计说明

某消防泵房管道平面图，以及消防泵管道系统、循环泵管道系统分别如图4.2～图4.4所示。

设计说明如下。

1）图4.2～图4.4中尺寸除标高以m计外，其余均以mm计。

2）管材：消防水管道采用热镀锌钢管，管径 $DN<100$ mm，以螺扣连接，其余均为法兰连接。埋地钢管外壁做特加强级防腐，地上安装的钢管外壁应刷红丹防锈漆、醇酸磁漆各两遍。

3）消防泵的工作状况为一开一备。循环泵的工作状况也为一开一备。

4）图4.2～图4.4中除注明外，闸阀型号为Z41H-16C，止回阀型号为H44X-16，可挠性接头型号为KDT-(11)。

5）管道安装完毕后，进行试压，消防泵试验压力为1.6MPa，循环泵试验压力为0.6MPa。

6）泵吸入管安装真空表，泵出口管安装压力表，真空表型号为YZ-100T（760mmHg），压力表型号为Y-100T（0～1.6MPa）。

7）$DN200$ 焊口按 50%的比例采用超声波探伤，$DN100$ 焊口按 50%的比例采用 X 射线探伤；$DN50$ 管道支架 2kg/个，$DN100$ 管道支架 5kg/个，$DN200$ 管道支架 8kg/个。支架最大间距见表4.5。

表 4.5　支架最大间距

公称直径/mm		15	20	25	32	40	50	70	80	100	125	150	200	250	300
支架的最大间距/m	保温管	2	2.5	2.5	2.5	3	3	4	4	4.5	6	7	7	8	8.5
	非保温管	2.5	3	3.5	4	4.5	5	6	6	6.5	7	8	9.5	11	12

8）水泵型号规格见表4.6。

表 4.6　水泵型号规格

编号	名称	型号、性能或规格	数量	备注
泵 1、泵 2	消防泵	XBD3.5/40-125KLW	2	$P=22$ kW
		$Q=144\text{m}^3/\text{h}$，$H=35\text{m}$		
泵 3、泵 4	循环泵	CZPV50 200(1)	2	$P=7.5$ kW
		$Q=32.5\text{m}^3/\text{h}$，$H=45.5\text{m}$		

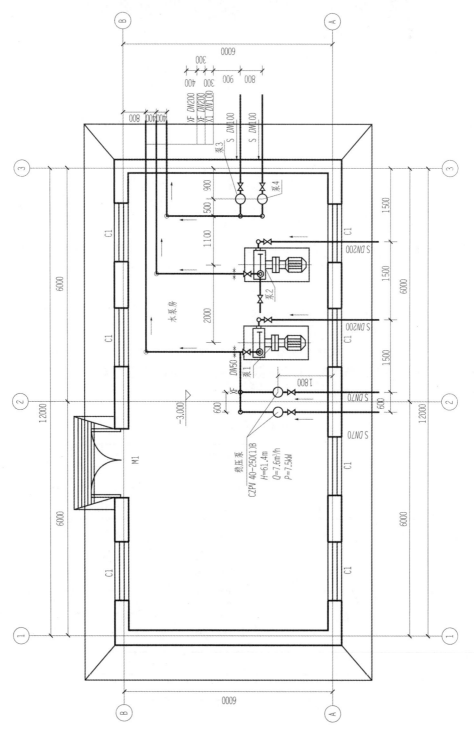

图 4.2　某消防泵房管道平面图

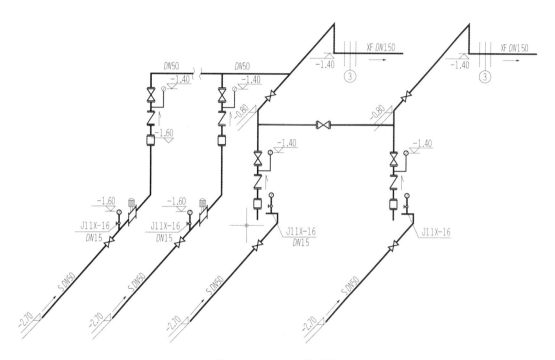

图 4.3　消防泵管道系统

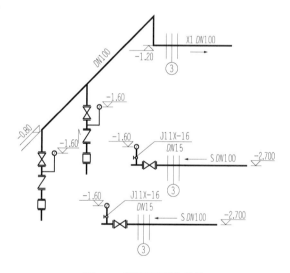

图 4.4　循环泵管道系统

2. 工程量计算

工业管道工程量计算见表 4.7。

表 4.7　某消防泵房管道工程量计算

序号	项目名称	单位	工程量	计算式
1	低压热镀锌钢管螺纹连接 $DN50$	m	13.64	[埋地 1.46+2.51+(2.7−0.8)]×2+1.9=13.64
2	低压热镀锌钢管法兰连接 $DN100$	m	16.38	[埋地 2+1+(2.7−0.8)]×2+3.43+(1.2−0.8)+2.75=16.38
3	低压热镀锌钢管法兰连接 $DN200$	m	31.79	[(埋地 1.46+2+0.2)+(2.7−0.8)]×2+2+3.55+3.43+(1.4−0.8)×2+6.24+4.25=31.79
4	低压管件三通 $DN50$	个	1	1
5	低压管件弯头 $DN50$	个	2	2
6	低压管件三通 $DN100$	个	1	1
7	低压管件弯头 $DN100$	个	5	5
8	低压管件三通 $DN200$	个	2	2
9	低压管件三通 $DN200×50$	个	1	1
10	低压管件弯头 $DN200$	个	12	6×2=12
11	低压螺纹截止阀 J11X-16，$DN15$	个	6	6
12	低压螺纹截止阀 $DN50$	个	4	4
13	低压法兰截止阀 $DN100$	个	4	4
14	低压法兰截止阀 $DN200$	个	7	4+2+1=7
15	低压螺纹止回阀 H44X-16，$DN50$	个	2	2
16	低压法兰止回阀 H44X-16，$DN100$	个	2	2
17	低压法兰止回阀 H44X-16，$DN200$	个	2	2
18	可挠性接头 KDT-(11)，$DN50$	个	2	2
19	可挠性接头 KDT-(11)，$DN100$	个	2	2
20	可挠性接头 KDT-(11)，$DN200$	个	2	2
21	低压碳钢焊接法兰 $DN200$	副	43	弯头 12×2+三通 2×3+变径三通 2+附件 11=43
22	低压碳钢焊接法兰 $DN200$	片	4	4
23	低压碳钢焊接法兰 $DN100$	副	21	弯头 5×2+三通 1×3+附件 8=21
24	低压碳钢焊接法兰 $DN100$	片	4	4
25	消防泵 XBD3.5/40-125KLW	台	2	2
26	循环泵 CZPV50-200(1)	台	2	2
27	稳压泵 CZPV40-250(1)B	台	2	2
28	真空表 YZ-100T（760mmHg）	套	6	6
29	压力表 Y-100T（0～1.6MPa）	套	6	6
30	一般管道支架制作、安装	kg	53	支架个数：$DN50$　(13.64/5)+1≈3（个） $DN100$　(16.38/6.5)+1≈3（个） $DN200$　(31.79/9.5)+1≈4（个） 质量：3×2+3×5+4×8=53
31	焊缝超声波探伤 $DN200$	口	45	(43×2+4)×50% = 45
32	焊缝 X 射线探伤（80mm×150mm）$DN100$	张	92	$DN100$ 每个焊口需要： 0.114×3.14÷(0.15−0.025×2) = 3.58≈4 共需要：(21×2+4)×50%×4= 92
33	埋地管道防腐蚀	m²	3.99	3.14×0.06×(1.46×2)+3.14×0.114×(2×2)+3.14×0.219×(1.46×2)=3.99
34	明装管道除锈，刷红丹防锈漆两遍、醇酸磁漆两遍	m²	26.3	3.14×0.06×(13.64−1.46×2)+3.14×0.114×(16.38−2×2)+3.14×0.219×(31.79−1.46×2)= 26.3

续表

序号	项目名称	单位	工程量	计算式
35	支架除锈,刷红丹防锈漆两遍、醇酸磁漆两遍	kg	53	53
36	刚性防水套管 DN50	个	2	2
37	刚性防水套管 DN100	个	3	3
38	刚性防水套管 DN200	个	4	4

3. 工程量清单与计价

依据《通用安装工程工程量计算规范》(GB 50856—2013)及《四川省建设工程工程量清单计价定额——通用安装工程》(2015),编制工业管道工程分部分项工程量清单与计价表,见表4.8;用到的主材单价见表4.9,综合单价分析表见表4.10。

表 4.8 某消防泵房管道工程分部分项工程量清单与计价表

序号	项目编码	项目名称	项目特征描述	计量单位	工程量	综合单价	合价	其中 暂估价
1	030801001001	低压碳钢管	1. 材质:热镀锌钢管 2. 规格:DN50 3. 连接形式:螺纹连接 4. 压力试验、吹扫与清洗设计要求:符合施工规范要求	m	13.64	67.36	918.79	
	CH0006	低压碳钢管螺纹连接 DN50		10m	1.364			
2	030801001002	低压碳钢管	1. 材质:热镀锌钢管 2. 规格:DN100 3. 连接形式、焊接方法:法兰连接、电弧焊 4. 压力试验、吹扫与清洗设计要求:符合施工规范要求	m	16.38	82.17	1345.94	
	CH0069	低压碳钢管电弧焊 DN100		10m	1.638			
3	030801001003	低压碳钢管	1. 材质:热镀锌钢管 2. 规格:DN200 3. 连接形式、焊接方法:法兰连接、电弧焊 4. 压力试验、吹扫与清洗设计要求:符合施工规范要求	m	31.79	105.67	3359.25	
	CH0072	低压碳钢管电弧焊 DN200		10m	3.179			
4	030804001004	低压碳钢管件	1. 材质:20 号碳钢 2. 规格:DN50 3. 连接方式:螺纹连接	个	3	47.74	143.22	
	CH1236	低压碳钢管件螺纹连接 DN50		10 个	0.3			
5	030804001005	低压碳钢管件	1. 材质:20 号碳钢 2. 规格:DN100 3. 连接方式:电弧焊	个	6	87.62	525.72	
	CH1251	低压碳钢管件电弧焊 DN100		10 个	0.6			

续表

序号	项目编码	项目名称	项目特征描述	计量单位	工程量	综合单价	合价	其中 暂估价
6	030804001006	低压碳钢管件	1. 材质：20 号碳钢 2. 规格：DN200 3. 连接方式：电弧焊	个	14	148.91	2084.74	
	CH1254	低压碳钢管件电弧焊 DN200		10 个	1.4			
7	030807001007	低压螺纹阀门	1. 名称：低压螺纹截止阀 2. 型号、规格：J11X-16，DN15 3. 连接形式：螺纹连接	个	6	114.97	689.82	
	CH1927	低压螺纹阀门 DN15		个	6			
8	030807001008	低压螺纹阀门	1. 名称：低压螺纹截止阀 2. 型号、规格：DN50 3. 连接形式：螺纹连接	个	4	264.72	1058.88	
	CH1932	低压螺纹阀门 DN50		个	4			
9	030807001009	低压螺纹阀门	1. 名称：低压螺纹止回阀 2. 型号、规格：H44X-16，DN50 3. 连接形式：螺纹连接	个	2	147.72	295.44	
	CH1932	低压螺纹阀门 DN50		个	2			
10	030807003010	低压法兰阀门	1. 名称：低压法兰截止阀 2. 型号、规格：DN100 3. 连接形式：法兰连接	个	4	494.11	1976.44	
	CH1959	低压法兰截止阀 DN100		个	4			
11	030807003011	低压法兰阀门	1. 名称：低压法兰截止阀 2. 型号、规格：DN200 3. 连接形式：法兰连接	个	7	1507.30	10551.10	
	CH1962	低压法兰阀门 DN200		个	7			
12	030807003012	低压法兰阀门	1. 名称：低压法兰止回阀 2. 型号、规格：H44X-16，DN100 3. 连接形式：法兰连接	个	2	244.61	489.22	
	CH1959	低压法兰阀门 DN100		个	2			
13	030807003013	低压法兰阀门	1. 名称：低压法兰止回阀 2. 型号、规格：H44X-16，DN200 3. 连接形式：法兰连接	个	2	862.29	1724.58	
	CH1962	低压法兰阀门 DN200		个	2			
14	030810002014	低压碳钢焊接法兰	1. 材质：低压碳钢 2. 型号规格：DN200 3. 连接形式：对焊法兰 4. 焊接方法：电弧焊	副	43	370.85	15946.55	
	CH2210	低压对焊法兰电弧焊 DN200		副	43			
15	030810002015	低压碳钢焊接法兰	1. 材质：低压碳钢 2. 型号规格：DN200 3. 连接形式：对焊法兰 4. 焊接方法：电弧焊 5. 接盲板	片	4	204.30	817.20	
	CH2210 换	低压对焊法兰电弧焊 DN200		片	4			

续表

序号	项目编码	项目名称	项目特征描述	计量单位	工程量	综合单价	合价	其中 暂估价
16	030810002016	低压碳钢焊接法兰	1. 材质：低压碳钢 2. 型号规格：DN100 3. 连接形式：对焊法兰 4. 焊接方法：电弧焊	副	21	232.73	4887.33	
	CH2207	低压对焊法兰电弧焊 DN100		副	21			
17	030810002017	低压碳钢焊接法兰	1. 材质：低压碳钢 2. 型号规格：DN100 3. 连接形式：对焊法兰 4. 焊接方法：电弧焊	片	4	132.72	530.88	
	CH2207 换	低压对焊法兰电弧焊 DN100		片	4			
18	030109001018	离心泵	1. 名称：消防泵 2. 型号：XBD3.5/40-125KLW 3. 规格：Q=144m³/h, H=35m, P=22kW	台	2	1273.61	2547.22	
	CA0942	离心泵设备质量≤1.0t		台	2			
19	030109001019	离心泵	1. 名称：循环泵 2. 型号：CZPV50-200(1) 3. 规格：Q=32.5m³/h, H=45.5m, P=7.5kW	台	2	983.61	1967.22	
	CA0942	离心泵设备质量≤1.0t		台	2			
20	030109001020	离心泵	1. 名称：稳压泵 2. 型号：CZPV40-250(1)B 3. 规格：Q=7.6m³/h, H=61.4m, P=7.5kW	台	2	930.61	1861.22	
	CA0942	离心泵设备质量≤1.0t		台	2			
21	030601001021	压力表仪	1. 名称：真空表 2. 型号：YZ-100T（760mmHg）	套	6	124.94	749.64	
	CF0026	压力表、真空表盘装		台	6			
22	030601001022	压力表仪	1. 名称：压力表 2. 型号：Y-100T（0～1.6MPa）	套	6	127.94	767.64	
	CF0026	压力表、真空表盘装		台	6			
23	030815001023	管架制作、安装	1. 单件支架质量：10kg 以下 2. 材质：型钢 3. 管架形式：一般管架	kg	53	15.09	799.77	
	CH3150	碳钢管架制作		100kg	0.53			
	CH3155	一般管架安装		100kg	0.53			
24	030816003024	焊缝 X 射线探伤	1. 名称：焊缝 X 射线探伤 2. 底片规格：80mm×150mm 3. 管壁厚度：12mm	张	92	60.43	5559.56	
	CH3170	焊缝 X 射线探伤 80mm×150mm		10 张	9.2			
25	030816005025	焊缝超声波探伤	1. 名称：焊缝超声波探伤 2. 管道规格：DN200	口	45	22.32	1004.40	
	CH3179	焊缝超声波探伤 DN200		10 口	4.5			

序号	项目编码	项目名称	项目特征描述	计量单位	工程量	综合单价	合价	其中暂估价
26	031201001026	管道刷油	1. 除锈级别：手工除锈，轻锈 2. 油漆品种：红丹防锈漆、醇酸磁漆 3. 涂刷遍数、漆膜厚度：两种油漆各两遍	m²	26.3	14.59	383.72	
	CM0001	管道手工除锈，轻锈		10m²	2.63			
	CM0051	红丹防锈漆第一遍		10m²	2.63			
	CM0052	红丹防锈漆第二遍		10m²	2.63			
	CM0074	醇酸磁漆第一遍		10m²	2.63			
	CM0075	醇酸磁漆第二遍		10m²	2.63			
27	031201003027	金属结构刷油	1. 除锈级别：手工除锈，轻锈 2. 油漆品种：红丹防锈漆、醇酸磁漆 3. 结构类型：管道支架 4. 涂刷遍数、漆膜厚度：两种油漆各两遍	kg	53	1.68	89.04	
	CM0007	一般钢结构手工除锈，轻锈		100kg	0.53			
	CM0117	红丹防锈漆第一遍		100kg	0.53			
	CM0118	红丹防锈漆第二遍		100kg	0.53			
	CM0136	醇酸磁漆第一遍		100kg	0.53			
	CM0137	醇酸磁漆第二遍		100kg	0.53			
28	031202002028	管道防腐蚀	1. 除锈级别：手工除锈，轻锈 2. 油漆品种：沥青油毡纸 3. 涂刷遍数、漆膜厚度：两遍	m²	3.99	46.61	185.97	
	CM0001	管道手工除锈，轻锈		10m²	0.399			
	CM0682	沥青油毡纸一毡二油		10m²	0.399			
	CM0683	沥青油毡纸每增一毡二油		10m²	0.399			
29	031002003029	套管	1. 名称、类型：刚性防水套管 2. 规格：DN50	个	2	199.41	398.82	
	CH3585	刚性防水套管制作 DN50		个	2			
	CH3602	刚性防水套管安装 DN50		个	2			
30	031002003030	套管	1. 名称、类型：刚性防水套管 2. 规格：DN100	个	3	283.88	851.64	
	CH3587	刚性防水套管制作 DN100		个	3			
	CH3604	刚性防水套管安装 DN100		个	3			
31	031002003031	套管	1. 名称、类型：刚性防水套管 2. 规格：DN200	个	4	477.34	1909.36	
	CH3590	刚性防水套管制作 DN200		个	4			
	CH3605	刚性防水套管安装 DN200		个	4			
32	031003010035	软接头	1. 材质、规格：可挠性接头 KDT-(11) 2. 规格：DN50	个	2	82.46	164.92	
	CK0612	软接头（螺纹连接）DN50		个	2			

续表

序号	项目编码	项目名称	项目特征描述	计量单位	工程量	综合单价	合价	其中 暂估价
33	031003010036	软接头	1. 材质、规格：可挠性接头 KDT-(11) 2. 规格：DN100	个	2	254.23	508.46	
	CK0617	软接头（法兰连接）DN100		个	2			
34	031003010037	软接头	1. 材质、规格：可挠性接头 KDT-(11) 2. 规格：DN200	个	2	595.20	1190.40	
	CK0620	软接头（法兰连接）DN200		个	2			

表 4.9　用到的主材单价

序号	主材名称及规格	单位	单价/元	序号	主材名称及规格	单位	单价/元
1	低压碳钢管 DN50	m	54.23	18	消防泵	台	460.00
2	低压碳钢管 DN100	m	66.72	19	循环泵	台	170.00
3	低压碳钢管 DN200	m	75.56	20	稳压泵	台	90.00
4	低压碳钢螺纹管件 DN50	个	23.00	21	可挠性接头 KDT-(11)，DN200	个	160.00
5	低压碳钢对焊管件 DN100	个	34.00	22	可挠性接头 KDT-(11)，DN100	个	90.00
6	低压碳钢对焊管件 DN200	个	40.00	23	可挠性接头 KDT-(11)，DN50	个	55.00
7	低压螺纹截止阀 DN15	个	87.00	24	取源部件	套	23.00
8	低压螺纹截止阀 DN50	个	215.00	25	仪表接头	套	15.00
9	低压螺纹止回阀 DN50	个	98.00	26	真空表表弯	个	33.00
10	低压法兰截止阀 DN100	个	410.00	27	压力表表弯	个	36.00
11	低压法兰截止阀 DN200	个	1270.00	28	型钢	kg	5.00
12	低压法兰止回阀 DN100	个	153.00	29	红丹防锈漆 C53-1	kg	5.80
13	低压法兰止回阀 DN200	个	589.00	30	醇酸磁漆各色	kg	7.20
14	低压碳钢对焊法兰 DN200	片	125.00	31	钢管 DN50	kg	5.63
15	低压碳钢对焊法兰 DN100	片	88.99	32	钢管 DN100	kg	5.37
16	M16×55 螺栓	kg	9.66	33	钢管 DN200	kg	5.75
17	M16×65 螺栓	kg	9.91				

表 4.10　综合单价分析表

工程名称：某消防泵房管道工程　　　　　　　　　　　　　　　　　　　　　第 1 页　共 15 页

项目编码	030801001001		项目名称		低压碳钢管		计量单位		m	工程量	13.64

清单综合单价组成明细

定额编号	定额项目名称	定额单位	数量	单价/元				合价/元			
				人工费	材料费	机械费	综合费	人工费	材料费	机械费	综合费
CH0006	低压碳钢管螺纹连接 DN50	10m	1.36	99.26	11.25	1.19	19.59	135.39	15.35	1.62	26.72
人工单价		小计						135.39	15.35	1.62	26.72
85 元/工日		未计价材料费						739.70			
	清单项目综合单价							67.36			

续表

材料费明细	主要材料名称、规格、型号	单位	数量	单价/元	合价/元	暂估单价/元	暂估合价/元
	低压碳钢管 DN50	m	13.64	54.23	739.70		
	其他材料费						
	材料费小计			—	739.70		

工程名称：某消防泵房管道工程　　　　　　　　　　　　　　　　　第 2 页　共 15 页

项目编码	030804001004	项目名称	低压碳钢管件	计量单位	个	工程量	3

清单综合单价组成明细

定额编号	定额项目名称	定额单位	数量	单价/元				合价/元			
				人工费	材料费	机械费	综合费	人工费	材料费	机械费	综合费
CH1236	低压碳钢管件螺纹连接 DN50	10 个	0.3	195.40	11.26	2.15	38.52	58.62	3.38	0.65	11.56
人工单价		小计						58.62	3.38	0.65	11.56
85 元/工日		未计价材料费						69.00			
清单项目综合单价								47.74			

材料费明细	主要材料名称、规格、型号	单位	数量	单价/元	合价/元	暂估单价/元	暂估合价/元
	低压碳钢螺纹管件 DN50	个	3	23.00	69.00		
	其他材料费						
	材料费小计			—	69.00		

工程名称：某消防泵房管道工程　　　　　　　　　　　　　　　　　第 3 页　共 15 页

项目编码	030807001007	项目名称	低压螺纹阀门	计量单位	个	工程量	6

清单综合单价组成明细

定额编号	定额项目名称	定额单位	数量	单价/元				合价/元			
				人工费	材料费	机械费	综合费	人工费	材料费	机械费	综合费
CH1927	低压螺纹阀门 DN15	个	6	17.54	3.71	2.76	3.96	105.24	22.26	16.56	23.76
人工单价		小计						105.24	22.26	16.56	23.76
85 元/工日		未计价材料费						522.00			
清单项目综合单价								114.97			

材料费明细	主要材料名称、规格、型号	单位	数量	单价/元	合价/元	暂估单价/元	暂估合价/元
	低压螺纹截止阀 DN15	个	6	87.00	522.00		
	其他材料费						
	材料费小计			—	522.00		

工程名称：某消防泵房管道工程　　　　　　　　　　　　　　　　　　　　第4页　共15页

项目编码	030807003010	项目名称		低压法兰阀门	计量单位	个	工程量	4

清单综合单价组成明细

定额编号	定额项目名称	定额单位	数量	单价/元				合价/元			
				人工费	材料费	机械费	综合费	人工费	材料费	机械费	综合费
CH1959	低压法兰截止阀 DN100	个	4	61.46	7.75	3.42	12.65	245.84	31.00	13.68	50.60
人工单价		小计						245.84	31.00	13.68	50.60
85 元/工日		未计价材料费						1665.31			
清单项目综合单价								494.11			

材料费明细	主要材料名称、规格、型号	单位	数量	单价/元	合价/元	暂估单价/元	暂估合价/元
	低压法兰截止阀 DN100	个	4	410.00	1640.00		
	M16×55 螺栓	kg	2.62	9.66	25.31		
	其他材料费						
	材料费小计			—	1665.31		

工程名称：某消防泵房管道工程　　　　　　　　　　　　　　　　　　　　第5页　共15页

项目编码	030810002014	项目名称		低压碳钢焊接法兰	计量单位	副	工程量	43

清单综合单价组成明细

定额编号	定额项目名称	定额单位	数量	单价/元				合价/元			
				人工费	材料费	机械费	综合费	人工费	材料费	机械费	综合费
CH2210	低压对焊法兰电弧焊 DN200	副	43	52.28	23.54	17.16	13.54	2248.04	1012.22	737.88	582.22
人工单价		小计						2248.04	1012.22	737.88	582.22
85 元/工日		未计价材料费						11366.20			
清单项目综合单价								370.85			

材料费明细	主要材料名称、规格、型号	单位	数量	单价/元	合价/元	暂估单价/元	暂估合价/元
	低压碳钢对焊法兰 DN200	片	86	125.00	10750.00		
	M16×65 螺栓	kg	62.18	9.91	616.20		
	其他材料费						
	材料费小计			—	11366.20		

工程名称：某消防泵房管道工程　　　　　　　　　　　　　　　　　第 6 页　共 15 页

项目编码	030109001018	项目名称		离心泵	计量单位		台	工程量		2

清单综合单价组成明细

定额编号	定额项目名称	定额单位	数量	单价/元				合价/元			
				人工费	材料费	机械费	综合费	人工费	材料费	机械费	综合费
CA0942	离心泵设备质量≤1.0t	台	2	492.07	98.87	89.02	133.65	984.14	197.74	178.04	267.30
人工单价			小计					984.14	197.74	178.04	267.30
85 元/工日			未计价材料费					920.00			
清单项目综合单价								1273.61			

材料费明细	主要材料名称、规格、型号	单位	数量	单价/元	合价/元	暂估单价/元	暂估合价/元
	消防泵	台	2	460.00	920.00		
	其他材料费						
	材料费小计			—	920.00		

工程名称：某消防泵房管道工程　　　　　　　　　　　　　　　　　第 7 页　共 15 页

项目编码	030601001021	项目名称		压力表仪	计量单位		套	工程量		6

清单综合单价组成明细

定额编号	定额项目名称	定额单位	数量	单价/元				合价/元			
				人工费	材料费	机械费	综合费	人工费	材料费	机械费	综合费
CF0026	压力表、真空表盘装	台	6	41.12	2.06	0.38	10.38	246.72	12.36	2.28	62.28
人工单价			小计					246.72	12.36	2.28	62.28
85 元/工日			未计价材料费					426.00			
清单项目综合单价								124.94			

材料费明细	主要材料名称、规格、型号	单位	数量	单价/元	合价/元	暂估单价/元	暂估合价/元
	取源部件	套	6	23.00	138.00		
	仪表接头	套	6	15.00	90.00		
	真空表表弯	个	6	33.00	198.00		
	其他材料费						
	材料费小计			—	426.00		

工程名称：某消防泵房管道工程　　　　　　　　　　　　　　　　　第 8 页　共 15 页

项目编码	030815001023	项目名称		管架制作、安装	计量单位		kg	工程量		53

清单综合单价组成明细

定额编号	定额项目名称	定额单位	数量	单价/元				合价/元			
				人工费	材料费	机械费	综合费	人工费	材料费	机械费	综合费
CH3150	碳钢管架制作	100kg	0.53	287.51	66.08	63.94	68.53	152.38	35.02	33.89	36.32
CH3155	一般管架安装	100kg	0.53	360.44	69.69	18.66	73.92	191.03	36.94	9.89	39.18
人工单价			小计					343.41	71.96	43.78	75.50
85 元/工日			未计价材料费					265.00			
清单项目综合单价								15.09			

材料费明细	主要材料名称、规格、型号	单位	数量	单价/元	合价/元	暂估单价/元	暂估合价/元
	型钢	kg	53	5.00	265.00		
	其他材料费						
	材料费小计			—	265.00		

工程名称：某消防泵房管道工程　　　　　　　　　　　　　　　　　　　　　　第9页　共15页

项目编码	030816003024		项目名称	焊缝X射线探伤	计量单位	张	工程量	92

清单综合单价组成明细

定额编号	定额项目名称	定额单位	数量	单价/元				合价/元			
				人工费	材料费	机械费	综合费	人工费	材料费	机械费	综合费
CH3170	焊缝X射线探伤80mm×150mm	10张	9.2	307.91	135.00	84.82	76.58	2832.77	1242.00	780.34	704.54
人工单价		小计						2832.77	1242.00	780.34	704.54
85元/工日		未计价材料费									
清单项目综合单价								60.43			

材料费明细	主要材料名称、规格、型号		单位	数量	单价/元	合价/元	暂估单价/元	暂估合价/元
	其他材料费							
	材料费小计							

工程名称：某消防泵房管道工程　　　　　　　　　　　　　　　　　　　　　　第10页　共15页

项目编码	030816005025		项目名称	焊缝超声波探伤	计量单位	口	工程量	45

清单综合单价组成明细

定额编号	定额项目名称	定额单位	数量	单价/元				合价/元			
				人工费	材料费	机械费	综合费	人工费	材料费	机械费	综合费
CH3179	焊缝超声波探伤DN200	10口	4.5	106.02	46.99	41.46	28.76	477.09	211.46	186.57	129.42
人工单价		小计						477.09	211.46	186.57	129.42
85元/工日		未计价材料费									
清单项目综合单价								22.32			

材料费明细	主要材料名称、规格、型号		单位	数量	单价/元	合价/元	暂估单价/元	暂估合价/元
	其他材料费							
	材料费小计							

工程名称：某消防泵房管道工程　　　　　　　　　　　　　　　　　　　　　　第11页　共15页

项目编码	031201001026		项目名称	管道刷油	计量单位	m²	工程量	26.3

清单综合单价组成明细

定额编号	定额项目名称	定额单位	数量	单价				合价			
				人工费	材料费	机械费	综合费	人工费	材料费	机械费	综合费
CM0001	管道手工除锈，轻锈	10m²	2.63	18.76	4.36	—	4.69	49.34	11.47	—	12.33
CM0051	红丹防锈漆第一遍	10m²	2.63	14.89	2.59	—	3.72	39.16	6.81	—	9.78
CM0052	红丹防锈漆第二遍	10m²	2.63	14.89	2.31	—	3.72	39.16	6.08	—	9.78
CM0074	醇酸磁漆第一遍	10m²	2.63	15.45	2.79	—	3.86	40.63	7.34	—	10.15
CM0075	醇酸磁漆第二遍	10m²	2.63	14.89	2.45	—	3.72	39.16	6.44	—	9.78
人工单价		小计						207.45	38.14	—	51.82
85元/工日		未计价材料费						86.20			
清单项目综合单价								14.59			

续表

材料费明细	主要材料名称、规格、型号	单位	数量	单价/元	合价/元	暂估单价/元	暂估合价/元
	红丹防锈漆 C53-1	kg	7.29	5.80	42.28		
	醇酸磁漆各色	kg	6.10	7.20	43.92		
	其他材料费						
	材料费小计			—	86.20		

工程名称：某消防泵房管道工程　　　　　　　　　　　　　　　　　　　　　第 12 页　共 15 页

项目编码	031201003027	项目名称	金属结构刷油	计量单位	kg	工程量	53

清单综合单价组成明细

定额编号	定额项目名称	定额单位	数量	单价/元				合价/元			
				人工费	材料费	机械费	综合费	人工费	材料费	机械费	综合费
CM0007	一般钢结构手工除锈，轻锈	100kg	0.53	19.86	3.20	6.16	6.51	10.53	1.70	3.26	3.45
CM0117	红丹防锈漆第一遍	100kg	0.53	13.79	2.10	6.16	4.99	7.31	1.11	3.26	2.64
CM0118	红丹防锈漆第二遍	100kg	0.53	13.24	1.82	6.16	4.85	7.02	0.96	3.26	2.57
CM0136	醇酸磁漆第一遍	100kg	0.53	13.24	2.07	6.16	4.85	7.02	1.10	3.26	2.57
CM0137	醇酸磁漆第二遍	100kg	0.53	13.24	1.71	6.16	4.85	7.02	0.91	3.26	2.57
人工单价		小计						38.90	5.78	16.30	13.80
85 元/工日		未计价材料费						14.12			
清单项目综合单价								1.68			

材料费明细	主要材料名称、规格、型号	单位	数量	单价/元	合价/元	暂估单价/元	暂估合价/元
	红丹防锈漆 C53-1	kg	1.12	5.80	4.50		
	醇酸磁漆各色	kg	0.92	7.20	9.62		
	其他材料费						
	材料费小计			—	14.12		

工程名称：某消防泵房管道工程　　　　　　　　　　　　　　　　　　　　　第 13 页　共 15 页

项目编码	031202002028	项目名称	管道防腐蚀	计量单位	m²	工程量	3.99

清单综合单价组成明细

定额编号	定额项目名称	定额单位	数量	单价/元				合价/元			
				人工费	材料费	机械费	综合费	人工费	材料费	机械费	综合费
CM0001	管道手工除锈，轻锈	10m²	0.399	18.76	4.36	—	4.69	7.49	1.74	—	1.87
CM0682	沥青油毡纸一毡二油	10m²	0.399	76.13	164.50		19.03	30.38	65.64		7.59
CM0683	沥青油毡纸每增一毡二油	10m²	0.399	60.68	102.80		15.17	24.21	41.02		6.05
人工单价		小计						62.08	108.4	—	15.51
85 元/工日		未计价材料费									
清单项目综合单价								46.61			

材料费明细	主要材料名称、规格、型号		单位	数量	单价/元	合价/元	暂估单价/元	暂估合价/元
	其他材料费							
	材料费小计				—			

工程名称：某消防泵房管道工程   第 14 页 共 15 页

项目编码	031002003029		项目名称		套管	计量单位		个	工程量	2

清单综合单价组成明细

定额编号	定额项目名称	定额单位	数量	单价/元				合价/元			
				人工费	材料费	机械费	综合费	人工费	材料费	机械费	综合费
CH3585	刚性防水套管制作 DN50	个	2	43.04	38.81	19.08	12.11	86.08	77.62	38.16	24.22
CH3602	刚性防水套管安装 DN50	个	2	44.37	14.97	—	8.65	88.74	29.94	—	17.30
人工单价		小计						174.82	107.56	38.16	41.52
85 元/工日		未计价材料费						36.76			
清单项目综合单价								199.41			

材料费明细	主要材料名称、规格、型号	单位	数量	单价/元	合价/元	暂估单价/元	暂估合价/元
	钢管 DN50	kg	6.53	5.63	36.76		
	其他材料费						
	材料费小计				36.76		

工程名称：某消防泵房管道工程   第 15 页 共 15 页

项目编码	031003010035		项目名称		软接头	计量单位		个	工程量	2

清单综合单价组成明细

定额编号	定额项目名称	定额单位	数量	单价/元				合价/元			
				人工费	材料费	机械费	综合费	人工费	材料费	机械费	综合费
CK0612	软接头（螺纹连接）DN50	个	2	16.64	5.20	1.46	4.16	33.28	10.40	2.92	8.32
人工单价		小计						33.28	10.40	2.92	8.32
85 元/工日		未计价材料费						110.00			
清单项目综合单价								82.46			

材料费明细	主要材料名称、规格、型号	单位	数量	单价/元	合价/元	暂估单价/元	暂估合价/元
	可挠性接头 KDT-(11)，DN50	个	2	55.00	110.00		
	其他材料费						
	材料费小计				110.00		

5

建筑照明系统工程计量与计价实例

5.1 某二层楼房照明系统工程计量与计价实例

1. 工程概况与设计说明

某工程为二层楼房，其主要设备及材料见表 5.1。

表 5.1 主要设备及材料

序号	图例	名称	规格	单位	数量	备注
1		照明配电箱	XRM-305（高 600mm+宽 400mm）	台	2	底边距地 1.5m 暗装
2		双管荧光灯	2×36W	盏	20	吸顶安装
3		节能灯	1×16W	个	8	吸顶安装
4		防水防尘灯（配节能灯管）	1×16W	个	4	吸顶安装
5		自带电源事故照明灯	2×8W	盏	5	距地 2.5m 安装
6		自带电源事故照明灯	1×16W	盏	2	嵌顶安装
7		单向疏散指示灯	1×2W	盏	2	距地 0.4m 安装
8		安全出口指示灯	1×2W	盏	4	门上方 0.2m 安装
9		暗装插座（安全型）	5 孔，250V，10A	个	25	底边距地 0.3m 安装
10		柜式空调插座（安全型）	3 孔，250V，15A	个	2	底边距地 0.3m 安装
11		挂式空调插座	3 孔，250V，15A	个	6	底边距地 2.2m 安装
12		暗装单极开关	250V，10A	个	8	底边距地 1.3m 安装
13		暗装双极开关	250V，10A	个	10	底边距地 1.3m 安装
14		紧急求救按钮	自定	个	2	底边距地 1.2m 安装
15		声光报警器	自定	个	1	底边距地 2.8m 安装

设计说明如下。

1）电力电缆采用干包式电缆头。室外电缆埋深 0.9m，一般土壤。

2）照明电气暗配线管埋深均为 0.1m。

3）房间层高为 3m，门框高度为 2m。

4）手孔井为小手孔 220mm×320mm×220mm（SSK）。

5）进户电力电缆由低压配电柜底边至手孔井前端电缆按 30m 计算，手孔井前端室外电缆保护管按 20m 计算。

该工程各层配电箱系统及电气平面图如图 5.1～图 5.4 所示。

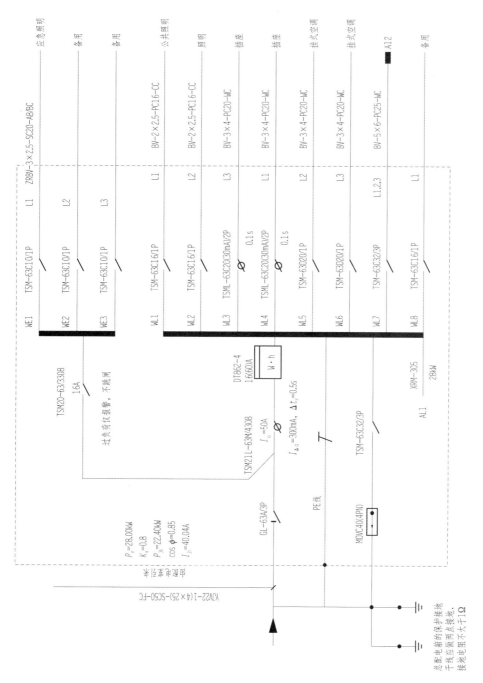

图 5.1　某工程一层配电箱（AL1）系统

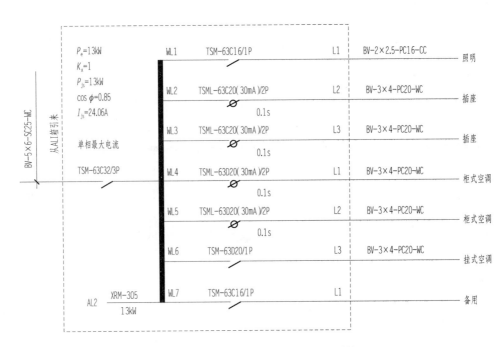

图 5.2　某工程二层配电箱（AL2）系统

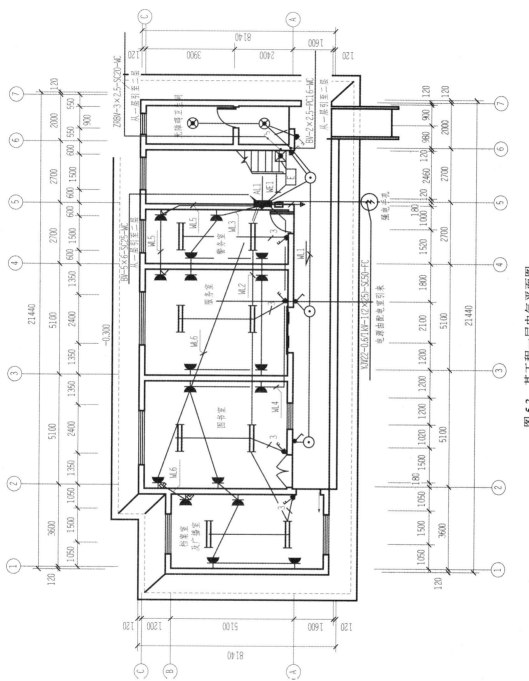

图 5.3　某工程一层电气平面图

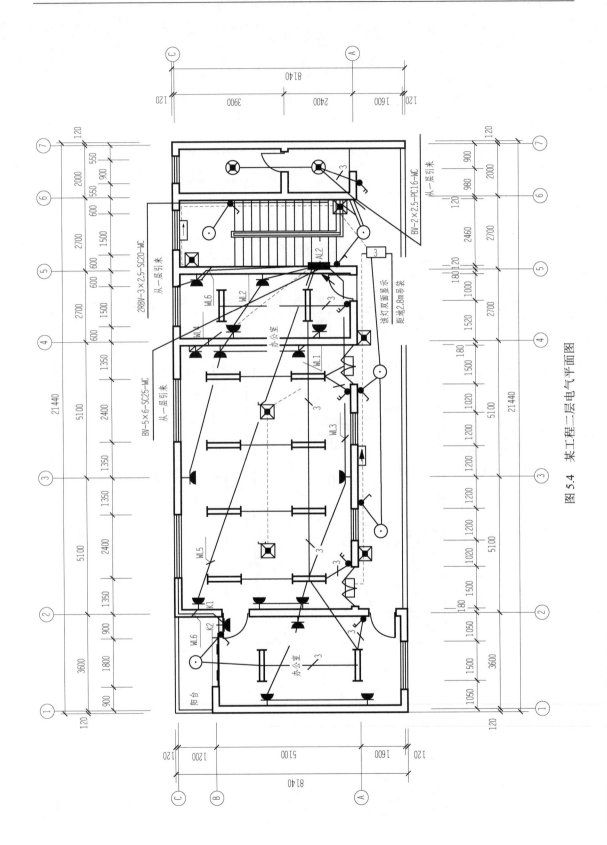

图 5.4 某工程二层电气平面图

2. 工程量计算

电气照明工程量计算见表 5.2。

表 5.2　电气照明工程量计算

序号	项目名称	单位	工程量	计算式
1	配电箱 AL1 XRM-305	台	1	一层
2	配电箱 AL2 XRM-305	台	1	二层
3	5 孔插座（安全型）250V，10A	个	25	一层：WL3 回路 7+WL4 回路 6=13 二层：WL2 回路 6+WL3 回路 6=12
4	柜式空调 3 孔插座 250V，15A	个	2	二层：WL4 回路 1+WL5 回路 1=2
5	挂式空调 3 孔插座 250V，15A	个	6	一层：WL5 回路 2+WL6 回路 2=4 二层：WL6 回路 2
6	单极暗开关 250V，10A	个	8	一层：WL1 回路 3+5=8
7	双极暗开关 250V，10A	个	10	一层：WL1 回路 1+WL2 回路 4=5 二层：WL1 回路 5 个
8	紧急求救按钮	个	2	一层
9	声光报警器	个	1	一层
10	电缆保护管，镀锌钢管 SC50	m	36.7	手孔井前端（含埋深）30+手孔井至配电箱 4.3+埋深 0.9+至配电箱底边 1.5=36.7
11	电力电缆 YJV22-4×25	m	43.77	(配电室内 10+保护管长度 26.7+配电箱预留 1+低压配电柜预留 2+电缆头两端预留 1.5×2)×(电缆敷设弛度、波形弯度、交叉 2.5%+1)=43.77
12	电力电缆终端头	个	2	两端各 1 个
13	管沟土方	m³	14.22	电缆沟： 沟深 0.9×沟宽(0.3×2+0.05)×沟长 24.3=14.22
14	钢质接线盒	个	13	配镀锌钢管 SC20: 应急灯具 2+11=13
15	塑料接线盒	个	32	配刚性阻燃管: 灯具 20+8+4=32
16	塑料接线盒	个	51	配刚性阻燃管: 开关 18+插座 33=51
17	节能灯	套	8	一层 3+二层 5=8
18	防水防尘灯（配节能灯）	套	4	一层 2+二层 2=4
19	自带电源事故照明灯（壁装）	套	5	一层 1+二层 4=5
20	自带电源事故照明灯（吸顶）	套	2	二层 2
21	单向疏散指示灯	套	2	二层 2
22	安全出口指示灯	套	4	一层 1+一层 3=4
23	双管荧光灯	套	20	一层 8+二层 12=20
24	手孔砌筑	个	1	室外： 220mm×320mm×220mm 手孔井
25	手孔防水	m²	0.38	0.22×0.32×4+0.22×0.22×2=0.38

序号	项目名称	单位	工程量	计算式
26	电气配管，镀锌钢管 SC20	m	49.3	配线 ZRBV-3×2.5mm² 1）WE1 回路： 层高 3-箱底 1.5-箱高 0.6+1.5+标志灯 0.8+标志灯 0.8+1.4+事故照明灯 0.5=5.9 2）引上二层事故照明灯： 0.5+二层顶 3+二层水平管 29.7+单向指示灯 2×2.6+事故照明灯 6×0.5+标志灯 2×0.2+2×0.8=43.4 合计： 5.9+43.4=49.3
27	电气配管，镀锌钢管 SC25	m	2.4	WL7 回路引上二层 AL2： 0.9+AL2 箱底 1.5=2.4
28	电气配管，刚性阻燃管 PC16	m	171	1. 配线 BV-2×2.5mm² （1）一层 1）WL1 回路： 16.8+0.9+开关 1.7×3=22.8 2）WL1 回路： 二层顶 3+二层 29.4+开关 1.7×5=40.9 3）WL2 回路： 26.6+0.9=27.5 4）卫生间紧急求救按钮： 箱顶至屋顶 0.9+12.4+按钮开关 1.8×4+报警器 0.2=20.7 （2）二层 WL1 回路： 23.2+开关 1.7=24.9 2. 配线 BV-3×2.5mm² （1）一层 1）WL1 回路： 1.5+0.9+双极开关 1.7=4.1 2）WL2 回路： 6.7+双极开关 1.7×4=13.5 （2）二层 WL1 回路： 8.9+0.9+开关 1.7×4=16.6 合计：22.8+40.9+27.5+20.7+24.9+4.1+13.5+16.6=171
29	电气配管，刚性阻燃管 PC20	m	165.1	配线 BV-3×4mm² （1）一层 1）WL3 回路： 箱底至地内(1.5+0.1)+15.2+插座(0.3+0.1)×9=20.4 2）WL4 回路： 箱底至地内(1.5+0.1)+24.7+插座(0.3+0.1)×9=29.9 3）WL5 回路： 箱顶至屋顶 0.9+6.7+插座 0.8×3=10 4）WL6 回路： 箱顶至屋顶 0.9+14.1+插座 0.8×3=17.4 （2）二层 1）WL2 回路： 13.1+1.5+0.1+插座(0.3+0.1)×11=19.1

续表

序号	项目名称	单位	工程量	计算式
				2）WL3 回路： 20.5+1.5+0.1+插座(0.3+0.1)×11=26.5 3）WL4 回路： 5+1.5+0.1+插座(0.3+0.1)=7 4）WL5 回路： 12+1.5+0.1+插座(0.3+0.1)=14 5）WL6 回路： 17.5+0.9+插座 0.8×3=20.8 合计： 20.4+29.9+10+17.4+19.1+26.5+7+14+20.8=165.1
30	电气配线 ZRBV-2.5mm²	m	150.9	一层 WE1 回路： (配管长度 49.3+配电箱预留长度 1)×3=150.9
31	电气配线 BV-2.5mm²	m	380.6	一层 WL1、WL2 回路（2×2.5mm² 配管长度）： 182.4+WL1 回路（BV3×2.5mm²）3.2×3+WL2 回路（3×2.5mm²） 13.5×3+WLI、WL2 回路配电箱预留长度 1×4+卫生间 20.7×2+预 留 1×2=279.9 二层 WL1 回路（2×2.5mm² 配管长度）： 25.8×2+WL1 回路（BV3×2.5mm²）15.7×3+WL1 回路配电箱预留 长度 1×2=100.7 合计：279.9+100.7=380.6
32	电气配线 BV-4mm²	m	522.3	一层 WL3、WL4、WL5、WL6 回路配管长度： 77.7×3+WL3、WL4、WL5、WL6 回路配电箱预留长度 1×12= 245.1 二层 BV-4.0mm²： WL2、WL3、WL4、WL5、WL6 回路配管长度 87.4×3+WL2、 WL3、WL4、WL5、WL6 回路配电箱预留长度 1×15=277.2 合计：245.1+277.2=522.3
33	电气配线 BV-6mm²	m	22	WL7 配管长度： 2.4×5+两端配电箱预留长度 1×5×2=22
34	低压送配电装置系统调试	系统	1	1

3. 工程量清单与计价

根据《通用安装工程工程量计算规范》（GB 50856—2013）及《四川省建设工程工程量清单计价定额——通用安装工程》(2015)，编制电气照明工程分部分项工程量清单与计价表，见表 5.3；用到的主材单价见表 5.4，综合单价分析表见表 5.5。

表 5.3　电气照明工程分部分项工程量清单与计价表

序号	项目编码	项目名称	项目特征描述	计量单位	工程量	金额/元		
						综合单价	合价	其中
								暂估价
1	030404017001	配电箱	1. 名称：照明配电箱 AL1 2. 型号：XRM-305 3. 规格：600mm（高）+400mm（宽） 4. 端子板外部接线材质、规格： BV-2.5mm² 7 个，BV-4mm² 12 个， BV-6mm² 5 个 5. 安装方式：嵌墙暗装，底边距地 1.5m	台	1	3036.46	3036.46	

序号	项目编码	项目名称	项目特征描述	计量单位	工程量	金额/元		其中
						综合单价	合价	暂估价
	CD0346		嵌入式配电箱（半周长）≤1.0m	台	1			
	CD0453		无端子外部接线≤2.5mm²	10 个	0.7			
	CD0454		无端子外部接线≤6mm²	10 个	1.7			
2	030404017002	配电箱	1. 名称：照明配电箱 AL2 2. 型号：XRM-305 3. 规格：600mm（高）+400mm（宽） 4. 端子板外部接线材质、规格：BV-2.5mm² 2 个，BV-4mm² 20 个，BV-6mm² 5 个 5. 安装方式：嵌墙暗装，底边距地 1.5m	台	1	3039.18	3039.18	
	CD0346		嵌入式配电箱（半周长）≤1.0m	台	1			
	CD0453		无端子外部接线≤2.5mm²	10 个	0.2			
	CD0454		无端子外部接线≤6mm²	10 个	2.5			
3	030404035001	插座	1. 名称：普通插座（安全型） 2. 规格：5 孔 250V，10A 3. 安装方式：暗装	个	25	43.65	1091.25	
	CD0508		单相暗插座 15A，5 孔	10 套	2.5			
4	030404035002	插座	1. 名称：柜式空调插座（安全型） 2. 规格：3 孔 250V，15A 3. 安装方式：暗装	个	2	34.89	69.78	
	CD0506		单相暗插座 15A，3 孔	10 套	0.2			
5	030404035003	插座	1. 名称：挂式空调插座 2. 规格：3 孔 250V，15A 3. 安装方式：暗装	个	6	32.85	197.10	
	CD0506		单相暗插座 15A，3 孔	10 套	0.6			
6	030404034001	照明开关	1. 名称：单极开关 2. 规格：250V，10A 3. 安装方式：暗装	个	8	32.13	257.04	
	CD0471		扳式暗开关单控单联	10 套	0.8			
7	030404034002	照明开关	1. 名称：双极开关 2. 规格：250V，10A 3. 安装方式：暗装	个	10	40.69	406.90	
	CD0472		扳式暗开关单控双联	10 套	1			
8	030404031001	按钮	1. 名称：紧急求救按钮 2. 规格：86 型	个	2	47.66	95.32	
	CD0484		一般按钮暗装	10 套	0.2			
9	030404036001	报警器	1. 名称：声光报警器 2. 规格：86 型 3. 安装方式：墙上明装	个	1	182.39	182.39	
	CJ0241		声光报警器	只	1			
10	030904005001	电缆保护管	1. 名称：电缆保护管 2. 材质：镀锌钢管 3. 规格：SC50 4. 敷设方式：埋地敷设	m	36.7	42.21	1549.11	

序号	项目编码	项目名称	项目特征描述	计量单位	工程量	综合单价	合价	其中 暂估价
	CD1481		钢管砖、混凝土结构暗配 DN50	100m	0.367			
11	030408001001	电力电缆	1. 名称：电力电缆 2. 型号：YJV22 3. 规格：4×25mm² 4. 材质：铜芯电缆 5. 敷设方式、部位：穿管敷设 6. 电压等级（kV）：1kV 以下 7. 地形：平地	m	43.78	61.14	2676.71	
	CD0850		铜芯电力电缆 YJV22-4×25mm²	100m	0.4378			
12	030408006001	电力电缆头	1. 名称：电力电缆头 2. 型号：YJV22 3. 规格：4×25mm² 4. 材质、类型：铜芯电缆、干包式 5. 安装部位：配电柜、箱 6. 电压等级（kV）：1kV 以下	个	2	134.03	268.06	
	CD0950		户内干包式铜芯电力电缆头制作、安装 YJV22-4×25mm²	个	2			
13	010101007001	管沟土方	1. 名称：电缆沟 2. 土壤类别：一般土壤	m³	14.22	37.95	539.65	
	CD1208		电缆沟挖填一般土沟	m³	14.22			
14	030411001001	配管	1. 名称：电气配管 2. 材质：镀锌钢管 3. 规格：SC20 4. 配置形式：暗配	m	49.3	13.12	646.82	
	CD1477		钢管砖、混凝土结构暗配 DN20	100m	0.493			
15	030411001002	配管	1. 名称：电气配管 2. 材质：镀锌钢管 3. 规格：SC25 4. 配置形式：暗配	m	2.4	19.63	47.11	
	CD1478		钢管砖、混凝土结构暗配 DN25	100m	0.024			
16	030411001003	配管	1. 名称：刚性阻燃管 2. 材质：PVC 3. 规格：PC16 4. 配置形式：暗配	m	171	8.61	1472.31	
	CD1591		刚性阻燃管砖、混凝土结构暗配 PC16	100m	1.71			
17	030411001003	配管	1. 名称：刚性阻燃管 2. 材质：PVC 3. 规格：PC20 4. 配置形式：暗配	m	165.1	9.88	1631.19	
	CD1592		刚性阻燃管砖、混凝土结构暗配 PC20	100m	1.651			
18	030411004001	配线	1. 名称：管内穿线 2. 配线形式：照明线路 3. 型号：ZRBV 4. 规格：2.5mm² 5. 材质：铜芯线	m	150.9	2.52	380.27	
	CD1731		管内穿线照明线路 ZRBV-2.5mm²	100m	1.509			

续表

序号	项目编码	项目名称	项目特征描述	计量单位	工程量	金额/元		其中
						综合单价	合价	暂估价
19	030411004002	配线	1. 名称：管内穿线 2. 配线形式：照明线路 3. 型号：BV 4. 规格：2.5mm² 5. 材质：铜芯线	m	380.6	2.38	905.83	
	CD1731	管内穿线照明线路 BV-2.5mm²		100m	3.806			
20	030411004003	配线	1. 名称：管内穿线 2. 配线形式：照明线路 3. 型号：BV 4. 规格：4mm² 5. 材质：铜芯线	m	522.3	2.87	1499.00	
	CD1732	管内穿线照明线路 BV-4mm²		100m	5.223			
21	030411004004	配线	1. 名称：管内穿线 2. 配线形式：照明线路 3. 型号：BV 4. 规格：6mm² 5. 材质：铜芯线	m	22	3.75	82.50	
	CD1759	管内穿线动力线路 BV-6mm²		100m	0.22			
22	030411006001	接线盒	1. 名称：灯具接线盒 2. 材质：钢制 3. 规格：86H 4. 安装形式：暗装	个	13	7.95	103.35	
	CD1914	暗装接线盒		10 个	1.3			
23	030411006002	接线盒	1. 名称：灯具接线盒 2. 材质：PVC 3. 规格：86H 4. 安装形式：暗装	个	32	6.53	208.96	
	CD1914	暗装接线盒		10 个	3.2			
24	030411006003	接线盒	1. 名称：开关、插座接线盒 2. 材质：PVC 3. 规格：86H 4. 安装形式：暗装	个	51	5.99	305.49	
	CD1915	暗装开关、插座盒		10 个	5.1			
25	030412001001	普通灯具	1. 名称：节能灯 2. 规格：1×16W 3. 类型：吸顶安装	套	8	45.78	366.24	
	CD1938	节能座灯头		10 套	0.8			
26	030412001002	普通灯具	1. 名称：防水防尘灯（配节能灯管） 2. 规格：1×16W 3. 类型：吸顶安装	套	4	67.32	269.28	
	CD1950	防水防尘灯		10 套	0.4			
27	030412001003	普通灯具	1. 名称：自带电源事故照明灯 2. 规格：2×8W 3. 类型：底边距地 2.5m 壁装	套	5	48.90	244.50	
	CD1936	一般壁灯		10 套	0.5			

续表

序号	项目编码	项目名称	项目特征描述	计量单位	工程量	综合单价	合价	其中暂估价
28	030412001004	普通灯具	1. 名称：自带电源事故照明灯 2. 规格：1×16W 3. 类型：吸顶安装	套	2	80.94	161.88	
	CD1921	半圆球吸顶灯直径≤250mm		10套	0.2			
29	030412004001	装饰灯	1. 名称：单向疏散指示灯 2. 规格：1×2W 3. 安装方式：距地0.4m	套	2	173.40	346.80	
	CD2118	墙壁式单向疏散指示灯		10套	0.2			
30	030412004002	装饰灯	1. 名称：安全出口指示灯 2. 规格：1×2W 3. 安装方式：距门上方0.2m	套	4	136.27	545.08	
	CD2118	墙壁式安全出口指示灯		10套	0.4			
31	030412005001	荧光灯	1. 名称：双管荧光灯 2. 规格：2×36W 3. 安装方式：吸顶安装	套	20	71.30	1426.00	
	CD2181	吸顶式双管荧光灯		10套	2			
32	030413005001	手孔砌筑	1. 名称：手孔井 2. 规格：220mm×320mm×220mm 3. 类型：混凝土	个	1	2091.12	2091.12	
	CD2239	混凝土手孔井		个	1			
33	030413006001	手孔防水	1. 名称：手孔防水 2. 防水材质及做法：防水砂浆抹面（五层）	m²	0.38	87.03	33.07	
	CD2248	手孔防水，防水砂浆抹面（五层）		m²	0.38			
34	030414002001	送配电装置调试	1. 名称：低压系统调试 2. 电压等级：380V 3. 类型：综合	系统	1	850.81	850.81	
	CD2277	1kV以下交流供电系统调试（综合）		系统	1			

表5.4　用到的主材单价

序号	主材名称及规格	单位	单价/元	序号	主材名称及规格	单位	单价/元
1	照明配电箱 XRM-305（600mm×400mm）	台	2800.00	10	刚性阻燃管 PC20	m	2.50
2	普通插座（安全型）5孔，250V，15A	套	34.00	11	刚性阻燃管 PC16	m	1.80
3	柜式空调插座（安全型）3孔，250V，15A	套	27.00	12	铜芯电力电缆 YJV22-4×25mm²		52.65
4	挂式空调插座3孔，250V，15A	套	25.00	13	绝缘导线 ZRBV-2.5mm²	m	1.40
5	照明开关（双极开关250V，10A）	只	33.00	14	绝缘导线 BV-2.5mm²	m	1.28
6	照明开关（单极开关250V，10A）	只	25.00	15	绝缘导线 BV-4mm²	m	1.99
7	钢管 SC50	m	26.00	16	绝缘导线 BV-6mm²	m	2.85
8	钢管 SC25	m	10.71	17	接线盒 PVC	个	1.80
9	钢管 SC20	m	6.36	18	接线盒	个	2.00

序号	主材名称及规格	单位	单价/元	序号	主材名称及规格	单位	单价/元
19	开关、插座盒 PVC	个	1.80	25	墙壁式安全出口指示灯	套	113.74
20	成套灯具（节能座灯头）	套	32.80	26	吸顶式双管荧光灯	套	43.00
21	防水防尘灯	套	40.94	27	手孔口圈（车行道）	套	4.80
22	一般壁灯	套	30.02	28	成套按钮	套	40.50
23	半圆球吸顶灯直径≤250mm	套	58.00	29	声光报警器	套	80.00
24	墙壁式单向疏散指示灯	套	150.50				

表5.5　综合单价分析表

工程名称：某二层楼房照明系统工程　　　　　　　　　　　　　　　　　第1页　共2页

项目编码	030404017001	项目名称	配电箱	计量单位	台	工程量	1

清单综合单价组成明细

定额编号	定额项目名称	定额单位	数量	单价/元				合价/元			
				人工费	材料费	机械费	综合费	人工费	材料费	机械费	综合费
CD0346	嵌入式配电箱（半周长）≤1.0m	台	1	106.79	30.84	—	24.56	106.79	30.84	—	24.56
CD0453	无端子外部接线≤2.5mm²	10个	0.7	13.05	10.76	—	3.00	9.14	7.53	—	2.10
CD0454	无端子外部接线≤6mm²	10个	1.7	17.80	10.76	—	4.09	30.26	18.29	—	6.95
人工单价			小计					146.19	56.66	—	33.61
85元/工日			未计价材料费					2800.00			
清单项目综合单价								3036.46			

材料费明细	主要材料名称、规格、型号	单位	数量	单价/元	合价/元	暂估单价/元	暂估合价/元
	照明配电箱 XRM-305（600mm×400mm）	台	1	2800.00	2800.00		
	其他材料费						
	材料费小计			—	2800.00		

工程名称：某二层楼房照明系统工程　　　　　　　　　　　　　　　　　第2页　共2页

项目编码	030411001003	项目名称	配管	计量单位	m	工程量	171

清单综合单价组成明细

定额编号	定额项目名称	定额单位	数量	单价/元				合价/元			
				人工费	材料费	机械费	综合费	人工费	材料费	机械费	综合费
CD1591	刚性阻燃管砖、混凝土结构暗配 PC16	100m	1.71	458.03	99.17	—	105.35	783.23	169.58	—	180.15
人工单价			小计					783.23	169.58	—	180.15
85元/工日			未计价材料费					338.58			
清单项目综合单价								8.61			

材料费明细	主要材料名称、规格、型号	单位	数量	单价/元	合价/元	暂估单价/元	暂估合价/元
	刚性阻燃管 PC16	m	188.10	1.80	338.58		
	其他材料费						
	材料费小计			—	338.58		

5.2 某单元楼层照明系统工程计量与计价实例

1．工程概况与设计说明

1）电源由楼外采用 VV29 型电缆直埋引至单元电缆π接箱，电缆π接箱在地下室楼梯间挂墙明装，箱顶距顶板 0.2m，电缆进入建筑物后沿地下室明敷，由电缆π接箱引上线采用 BV-500 型导线，穿 SC 管暗敷。

2）灯具与设备：本工程电缆π接箱、电度表箱均采用供电局提供的产品，开关、插座选用国家认证产品，灯具型号由甲方自定。厨房和餐厅内安全插座安装距地 1.8m，卫生间插座均用防潮防溅型，卫生间内插座均距地 1.6m，其他室内未说明的插座一律距地 0.3m 暗装。

3）接地保护：电缆在进户处引入 PE 线，接地电阻小于 4Ω。全楼配电系统为 TN-S 系统，室内除照明外的用电设备均做接零保护。PE 线接地体在电缆进户处与电缆铠装外金属皮连接，即电缆进户后利用电缆外皮做 PE 线。

4）防雷装置：本建筑属三级防雷建筑。防雷措施如下：采用 ϕ10 镀锌圆钢安装在屋顶女儿墙上，支架间距 1m，利用构造柱内主筋做暗装引下线，基础钢筋做自然接地体，做引下线的构造柱在 0.5m 处应向室外方向预留测试卡子，安装完毕应实测其接地电阻，若大于 10Ω，则应增设人工接地体。

5）其他设备安装时应与土建施工密切配合，图中未注明之处请参照国家现行规程规范执行。

材料与图例表见表 5.6。配电箱接线图如图 5.5 所示，照明供电系统图如图 5.6 所示，首层单元电气平面图如图 5.7 所示，标准单元层电气平面图、弱电平面图如图 5.8 所示，地下室单元照明平面图、接地基础平面图如图 5.9 所示，一层组合平面图如图 5.10 所示。

表 5.6 材料与图例表

序号	图例	名称	规格型号	单位	数量	安装方式及高度
1		电缆π接箱	供电局提供			明装，上边距顶 0.2m
2		电缆 T 接箱	供电局提供			暗装，电度表箱旁
3		电度表箱	SFBX-q/2，460mm×540mm×180mm			暗装，底边距地 1.4m
4		电度表箱	SFBX-q/3，500mm×500mm×180mm			暗装，底边距地 1.4m
5		住户配电箱	XMR23-1-07-01A（210mm×290mm×92mm）			暗装，底边距地 1.4m
6		白炽灯	60W			住户室内线吊距地 2.5m
7		扁圆吸顶灯	25W			走道与地下室吸顶装
8		卫生间荧光壁灯	25W 自带开关			距地 2.0m
9		顶棚灯座	裸灯座			吸顶装
10		一位跷板式暗开关	250V，10A，鸿雁86 型			暗装，底边距地 1.3m
11		二位跷板式暗开关	250V，10A，鸿雁86 型			暗装，底边距地 1.3m
12		三位跷板式暗开关	250V，10A，鸿雁86 型			暗装，底边距地 1.3m
13		声光控延时开关	250V，4A，鸿雁86 型			随灯具吸顶装
14		单极拉线开关	250V，4A，鸿雁86 型			明装，底边距顶 0.3m
15		单相五孔暗插座	250V，16A，鸿雁86 型			暗装，见设计说明
16		空调电源插座	250V，16A			暗装，底边距地 2.0m
17		排风扇	250V/40W，200mm			与土建配合安装

序号	图例	名称	规格型号	单位	数量	安装方式及高度
18	TV	电视插座	电视主管部门提供			暗装，底边距地 0.3m
19	TP	双联电话插座	86 型			暗装，底边距地 0.3m
20	�	电话组线箱	STO-30 对（650mm×400mm×160mm）			暗装，底边距地 2.2m
21	▭	电视分线盒	依照电视主管部门要求定做			电视分线，上边距顶 200mm
22	▭	电话分线盒	300mm×200mm×160mm			电话分线，上边距顶 200mm

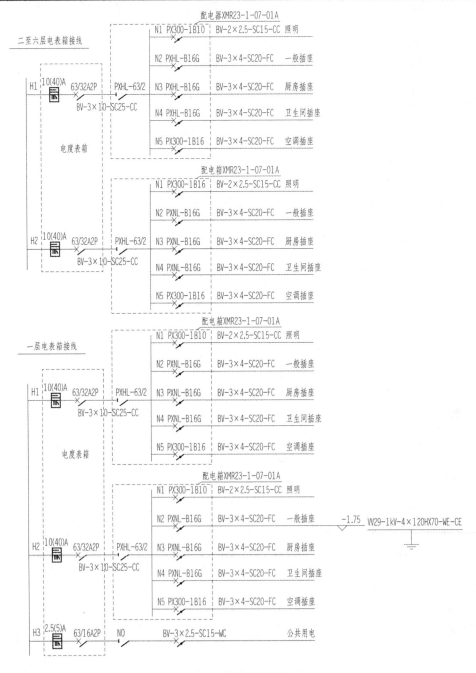

图 5.5　配电箱接线图

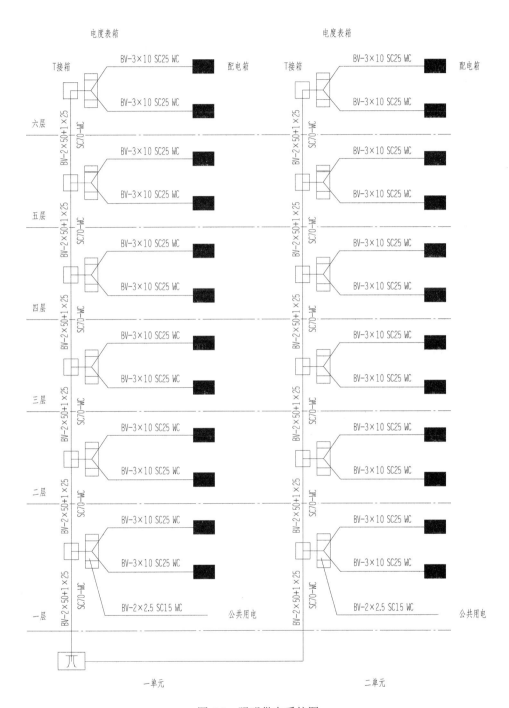

图 5.6 照明供电系统图

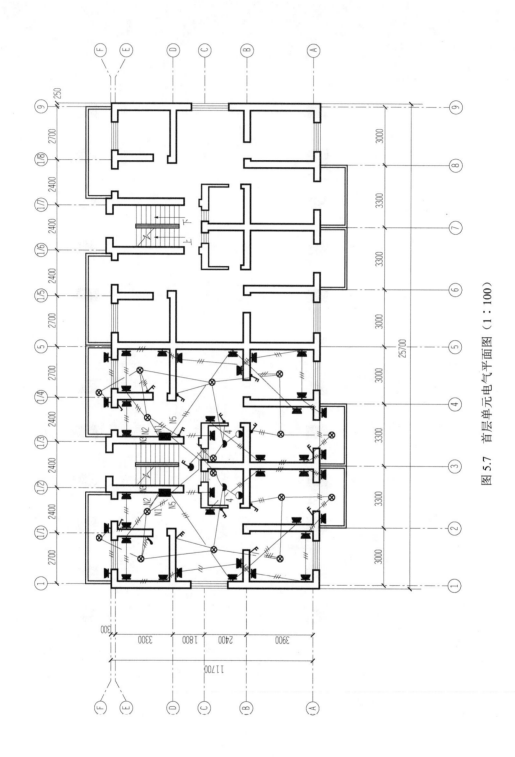

图 5.7　首层单元电气平面图（1∶100）

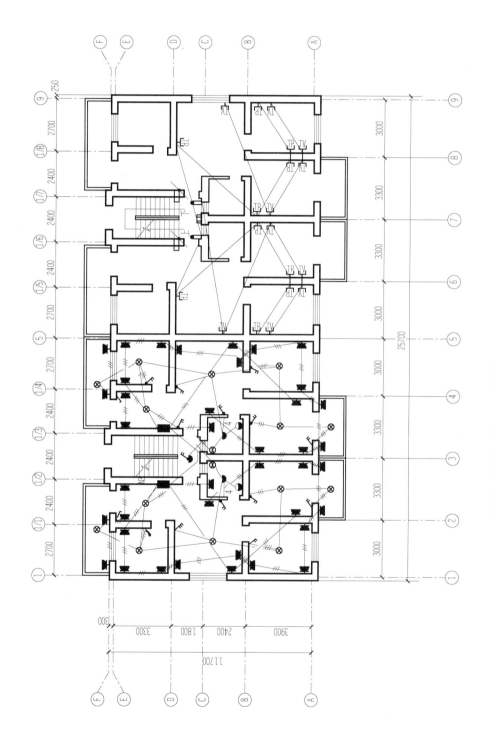

图 5.8　标准单元层电气平面图、弱电平面图（1∶100）

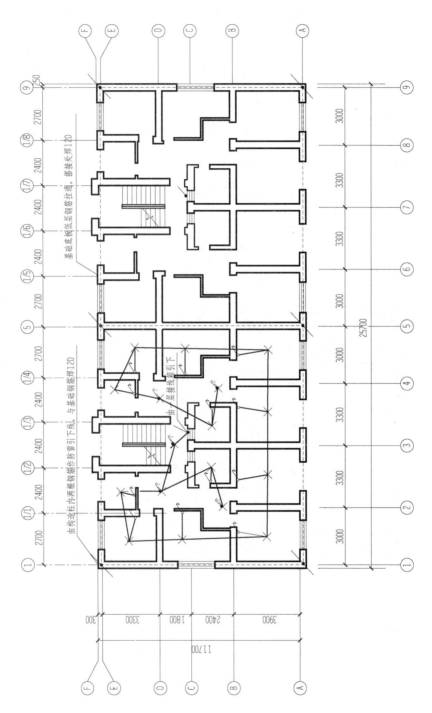

图 5.9　地下室单元照明平面图、接地基础平面图（1：100）

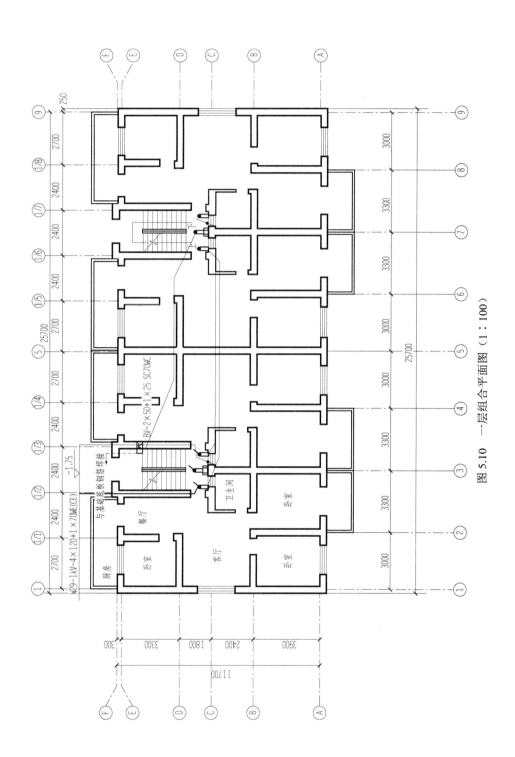

图 5.10 一层组合平面图（1∶100）

2. 工程量计算

电气照明工程量计算见表 5.7。

表 5.7 电气照明工程量计算

序号	项目名称	单位	工程量	计算式
1	电缆π接箱	台	1	1
2	电缆 T 接箱	台	12	12
3	三表箱	台	2	2
4	二表箱	台	10	10
5	户配电箱	台	24	24
6	电气配管，镀锌钢管 SC70	m	51.2	(立 0.2+4.8+立 1.4)+(立 0.2+13.4+立 1.4)+(2.8×5 层×2 单元)+[0.15(估)×6 层×2 单元]=51.2
7	电气配管，镀锌钢管 SC25	m	139.2	[立 1.4×2 + 3 (水平)]×24 户=139.2
8	电气配管，镀锌钢管 SC20	m	2308.8	N1：立引上(2.8-1.4)+1.66+开[2.3+立(2.8-1.3)]+2.64+开[1.65+立(2.8-1.3)]+3.1+开[1.65+立(2.8-1.3)]+4.1+开[2.3+立(2.8-1.3)]+3.3+开[1+立(2.8-1.3)]+壁灯[2.3+立(2.8-2)]+排[1.3+立 0.5(估)]+4.1+开[1.8+立(2.8-1.3)]+3.4+开[2+立(2.8-1.3)]+2.8+开[1.8+立(2.8-1.3)]-34.55-17.1=6.3 N2：立 1.4+32.9+立 0.3×25=41.8 N3：立 1.4+8.7+立 1.8×7=22.7 N4：立 1.4+3.0+立 1.6=6 N5：立 1.4+12+立 2×3=19.4 "——"表示管内穿 3 根线；"～～"表示管内穿 4 根线；不注的为管内穿 2 根线。N1～N5 为户内配电：以标准单元层左户计算，工程量乘以 24。 总计 SC20 暗配：(6.3+41.8+22.7+6+19.4)×24=2308.8
9	电气配管，镀锌钢管 SC15	m	1446.24	N0：公共用电，以西单元计，工程量汇总时各量乘以 2 1）楼梯间照明：立(2.8-1.4-0.3)+(立 0.3+1.65)×6 层+2.8×5 层(1～6 立管)=26.8 2）地下室照明：立 2.8+立 0.3+1.2+2.64+[2.5+开 0.8+2.8+开 1.5+3.6+开 1.65+4.3+开 1.82+5+开 1.82+3.3+开 1+2.3+开(0.3+0.1)×6 处]×2=76.52 总计 SC15 暗配：(34.55+17.1)×24+(26.8+76.52)×2=1446.24
10	电气配线 BV-50mm²	m	199.6	由π接至电表箱： [配管长度 51.2+(0.5+0.8)×2(π接箱预留)+(0.5+0.5)×34(T 接箱预留)+(0.4+0.6)×12(电表箱预留)]×2 根=199.6
11	电气配线 BV-25mm²	m	99.8	由π接至电表箱： [配管长度 51.2+(0.5+0.8)×2(π接箱预留)+(0.5+0.5)×34(T 接箱预留)+(0.4+0.6)×12(电表箱预留)]×1 根=99.8
12	电气配线 BV-10mm²	m	541.44	电表箱至户内配电箱： [配管长度 139.2+(0.4+0.6)×24(电表箱预留)+(0.3+0.42)×24(户配电箱预留)]×3 根=541.44
13	电气配线 BV-4mm²	m	6680.16	N2：[41.8+(0.3+0.42)]×3 根=127.56 N3：[22.7+(0.3+0.42)]×3 根=70.26 N4：[6+(0.3+0.42)]×3 根=20.16 N5：[19.4+(0.3+0.42)]×3 根=60.36 总计：(127.56+70.26+20.16+60.36)×24=6680.16

续表

序号	项目名称	单位	工程量	计算式
14	电气配线 BV-2.5mm²	m	3945.12	N1：34.55×2 根+17.1×3 根+6.3×4 根+(0.3+0.42)×2 根=147.04 N0：[26.8+(0.3+0.42)]×2 根+76.52×2 根=55.04+153.04 总计：147.04×24+(55.04+153.04)×2=3945.12
15	压铜端子 BV-50mm²	个	96	2 个/处×48 处=96
16	压铜端子 BV-25mm²	个	48	1 个/处×48 处=48
17	压铜端子 BV-10mm²	个	150	3 个/处×50 处=150
18	扁圆吸顶灯	套	36	1×24+6×2=36
19	壁灯	套	24	1×24=24
20	座灯头	套	34	17×2=34
21	软线吊灯	套	168	7×24=168
22	排风扇	台	24	1×24=24
23	安全型插座	个	96	4×24=96
24	防溅型插座	个	24	1×24=24
25	单相二、三极插座	个	312	13×24=312
26	空调插座	个	48	2×24=48
27	单联单控开关	个	24	1×24=24
28	双联单控开关	个	120	5×24=120
29	三联单控开关	个	48	2×24=48
30	声光控延时开关	个	22	(6+5)×2=22
31	单极拉线开关	个	24	2×12=24
32	接线盒	个	300	168+36+24+34+24+(6+1)×2=300
33	开关、插座盒	个	718	96+24+312+48+24+120+48+22+24=718
34	避雷线 φ10，支架敷设	m	112.96	(25.7×2+12.2×2+1.6×2+1.1×8)×(1+2.5%)+{12.2+[女儿墙引下(0.5+0.1)+1.1]×6}×(1+2.5%)=112.96
35	避雷引下线	m	117	(屋顶标高 17.1+地下室高 2.2+底板厚 0.2)×6=117
36	均压环	m	84.6	25.2×2+11.4×3=84.6
37	柱主筋与圈梁钢筋焊接	处	12	6+6=12
38	断接卡子	套	6	6
39	接地电阻调试	系统	1	1
40	送配电装置系统调试	系统	1	1

3. 工程量清单与计价

依据《通用安装工程工程量计算规范》（GB 50856—2013）及《四川省建设工程工程量清单计价定额——通用安装工程》（2015），编制电气照明工程分部分项工程量清单与计价表，见表 5.8；用到的主材单价见表 5.9，综合单价分析表见表 5.10。

表 5.8　电气照明工程分部分项工程量清单与计价表

序号	项目编码	项目名称	项目特征描述	计量单位	工程量	综合单价	合价	其中 暂估价
1	030404017001	配电箱	1. 名称：电缆π接箱 2. 规格：500mm（高）×800mm（宽） 3. 接线端子材质、规格：压铜端子 50mm² 4 个，压铜端子 25mm² 2 个 4. 安装方式：地下室明装，上边距顶 0.2m	台	1	3110.25	3110.25	
	CD0347		悬挂嵌入式配电箱半周长≤1.5m	台	1			
	CD0440		导线截面面积≤70mm²	10 个	0.4			
	CD0439		导线截面面积≤35mm²	10 个	0.2			
2	030404017002	配电箱	1. 名称：电缆 T 接箱 2. 规格：500mm（高）×500mm（宽） 3. 接线端子材质、规格：压铜端子 50mm² 6 个，压铜端子 25mm² 3 个 4. 安装方式：各层暗装，底边距地 1.4m，电度表旁	台	10	2925.41	29254.10	
	CD0346		悬挂嵌入式配电箱半周长≤1.0m	台	10			
	CD0440		导线截面面积≤70mm²	10 个	6			
	CD0439		导线截面面积≤35mm²	10 个	3			
3	030404017003	配电箱	1. 名称：电缆 T 接箱 2. 规格：500mm（高）×500mm（宽） 3. 接线端子材质、规格：压铜端子 50mm² 4 个，压铜端子 25mm² 2 个 4. 安装方式：各层暗装，底边距地 1.4m，电度表旁	台	2	2875.00	5750.00	
	CD0346		悬挂嵌入式配电箱半周长≤1.0m	台	2			
	CD0440		导线截面面积≤70mm²	10 个	0.8			
	CD0439		导线截面面积≤35mm²	10 个	0.4			
4	030404017004	配电箱	1. 名称：三表箱 2. 规格：400mm（高）×600mm（宽） 3. 接线端子材质、规格：压铜端子 50mm² 2 个，压铜端子 25mm² 1 个 4. 端子板外部接线材质、规格：无端子外部接线 10mm² 9 个 5. 安装方式：一层暗装，底边距地 1.4m	台	2	2059.95	4111.90	
	CD0346		悬挂嵌入式配电箱半周长≤1.0m	台	2			
	CD0440		导线截面面积≤70mm²	10 个	0.4			
	CD0439		导线截面面积≤35mm²	10 个	0.2			
	CD0455		无端子外部接线≤10mm²	10 个	1.8			
5	030404017005	配电箱	1. 名称：二表箱 2. 规格：400mm（高）×600mm（宽） 3. 接线端子材质、规格：压铜端子 50mm² 2 个，压铜端子 25mm² 1 个 4. 端子板外部接线材质、规格：无端子外部接线 10mm² 9 个 5. 安装方式：二至六层暗装，底边距地 1.4m	台	10	2055.95	20559.50	

续表

序号	项目编码	项目名称	项目特征描述	计量单位	工程量	综合单价	合价	其中 暂估价
	CD0346		悬挂嵌入式配电箱半周长≤1.0m	台	10			
	CD0440		导线截面面积≤70mm²	10个	2			
	CD0439		导线截面面积≤35mm²	10个	1			
	CD0455		无端子外部接线≤10mm²	10个	9			
6	030404017006	配电箱	1. 名称：户配电箱 2. 规格：300mm（高）×420mm（宽） 3. 端子板外部接线材质、规格：无端子外部接线10mm² 3个，端子外部接线4mm² 12个，端子外部接线2.5mm² 2个 4. 安装方式：户内暗装，底边距地1.4m	台	24	1619.85	38876.40	
	CD0346		悬挂嵌入式配电箱半周长≤1.0m	台	10			
	CD0453		无端子外部接线≤2.5mm²	10个	4.8			
	CD0454		无端子外部接线≤6mm²	10个	28.8			
	CD0455		无端子外部接线≤10mm²	10个	7.2			
7	030404034007	照明开关	1. 名称：单联单控开关 2. 规格：250V，10A，鸿雁86型 3. 安装方式：暗装，底边距地1.3m	个	24	32.13	771.12	
	CD0471		扳式暗开关（单控）单联	10套	2.4			
8	030404034008	照明开关	1. 名称：双联单控开关 2. 规格：250V，10A，鸿雁86型 3. 安装方式：暗装，底边距地1.3m	个	120	40.69	4882.80	
	CD0472		扳式暗开关（单控）双联	10套	12			
9	030404034009	照明开关	1. 名称：三联单控开关 2. 规格：250V，10A，鸿雁86型 3. 安装方式：暗装，底边距地1.3m	个	48	48.24	2315.52	
	CD0473		扳式暗开关（单控）三联	10套	4.8			
10	030404034010	照明开关	1. 名称：声光控延时开关 2. 规格：250V，4A，鸿雁86型 3. 安装方式：随灯具吸顶装	个	22	42.73	940.06	
	CD0472换		扳式暗开关（单控）双联	10套	2.2			
11	030404034011	照明开关	1. 名称：单极拉线开关 2. 规格：250V，4A，鸿雁86型 3. 安装方式：明装，底边距顶0.3m	个	24	34.97	839.28	
	CD0469	拉线开关		10套	2.4			
12	030404035012	插座	1. 名称：安全型插座 2. 规格：5孔250V，15A，鸿雁86型 3. 安装方式：暗装	个	96	43.65	4190.40	
	CD0508		单相暗插座15A，5孔	10套	9.6			
13	030404035013	插座	1. 名称：防溅型插座 2. 规格：5孔250V，15A，鸿雁86型 3. 安装方式：暗装	个	24	47.65	1143.60	

序号	项目编码	项目名称	项目特征描述	计量单位	工程量	金额/元		
						综合单价	合价	其中 暂估价
	CD0508	单相暗插座 15A，5 孔		10 套	2.4			
14	030404035014	插座	1. 名称：单相二、三极插座 2. 规格：5 孔 250V，15A 3. 安装方式：暗装	个	312	40.65	12682.80	
	CD0508	单相暗插座 15A，5 孔		10 套	31.2			
15	030404035015	插座	1. 名称：空调插座 2. 规格：3 孔 250V，15A 3. 安装方式：暗装，底边距地 2m	个	48	32.85	1576.80	
	CD0506	单相暗插座 15A，3 孔		10 套	4.8			
16	030409003016	避雷引下线	1. 名称：避雷引下线 2. 材质：钢筋 3. 安装部位：构造柱内 4. 安装形式：暗装 5. 断接卡子、箱材质、规格：断接卡子 6 套	m	117	10.50	1228.50	
	CD1245	利用建筑物主筋引下		10m	11.7			
	CD1246	断接卡子制作、安装		10 套	0.6			
17	030409004017	均压环	1. 名称：均压环 2. 材质：基础主筋 3. 安装形式：暗装 4. 柱主筋与圈梁焊接：12 处	m	84.6	9.06	766.48	
	CD1241	柱主筋与圈梁钢筋焊接		10 处	1.2			
	CD1247	均压环敷设利用圈梁钢筋		10m	8.46			
18	030409005018	避雷网	1. 名称：避雷网 2. 材质：镀锌圆钢 3. 规格：$\phi10$ 4. 安装形式：沿女儿墙敷设	m	112.96	17.80	2010.69	
	CD1248	沿混凝土块敷设		10m	11.296			
19	030404033019	风扇	1. 名称：排风扇 2. 型号：250V/40W 3. 规格：200mm	台	24	167.12	4010.88	
	CD0468	轴流排风扇		台	24			
20	030411001020	配管	1. 名称：电气配管 2. 材质：镀锌钢管 3. 规格：SC70 4. 配置形式：暗配	m	51.2	60.48	3096.58	
	CD1482	钢管公称直径≤70mm		100m	0.512			
21	030411001021	配管	1. 名称：电气配管 2. 材质：镀锌钢管 3. 规格：SC25 4. 配置形式：暗配	m	139.2	19.63	2732.50	
	CD1478	钢管公称直径≤25mm		100m	1.392			
22	030411001022	配管	1. 名称：电气配管 2. 材质：镀锌钢管 3. 规格：SC20 4. 配置形式：暗配	m	2308.8	13.12	30291.46	

续表

序号	项目编码	项目名称	项目特征描述	计量单位	工程量	金额/元		
						综合单价	合价	其中暂估价
	CD1477	钢管公称直径≤20mm		100m	23.09			
23	030411001023	配管	1. 名称：电气配管 2. 材质：镀锌钢管 3. 规格：SC15 4. 配置形式：暗配	m	1446.24	11.03	15952.03	
	CD1476	钢管公称直径≤15mm		100m	14.46			
24	030411004024	配线	1. 名称：管内穿线 2. 配线形式：照明线路 3. 型号：BV 4. 规格：50mm² 5. 材质：铜芯线	m	199.6	46.77	9335.29	
	CD1764	铜芯导线截面面积≤70mm²		100m单线	1.996			
25	030411004025	配线	1. 名称：管内穿线 2. 配线形式：照明线路 3. 型号：BV 4. 规格：25mm² 5. 材质：铜芯线	m	99.8	22.07	2202.59	
	CD1762	铜芯导线截面面积≤25mm²		100m单线	0.998			
26	030411004026	配线	1. 名称：管内穿线 2. 配线形式：照明线路 3. 型号：BV 4. 规格：10mm² 5. 材质：铜芯线	m	541.44	7.93	4293.62	
	CD1760	铜芯导线截面面积≤10mm²		100m单线	5.4144			
27	030411004027	配线	1. 名称：管内穿线 2. 配线形式：照明线路 3. 型号：BV 4. 规格：4mm² 5. 材质：铜芯线	m	6680.16	2.87	19172.06	
	CD1732	铜芯导线截面面积≤4mm²		100m单线	66.8016			
28	030411004028	配线	1. 名称：管内穿线 2. 配线形式：照明线路 3. 型号：BV 4. 规格：2.5mm² 5. 材质：铜芯线	m	3945.12	2.38	9389.38	
	CD1731	铜芯导线截面面积≤2.5mm²		100m单线	39.4512			
29	030411006029	接线盒	1. 名称：灯具接线盒 2. 材质：PVC 3. 规格：86H 4. 安装形式：暗装	个	300	6.73	2019	
	CD1914	暗装接线盒		10个	30			

序号	项目编码	项目名称	项目特征描述	计量单位	工程量	综合单价	合价	其中暂估价
30	030411006030	接线盒	1. 名称：开关、插座接线盒 2. 材质：PVC 3. 规格：86H 4. 安装形式：暗装	个	718	5.99	4300.82	
	CD1915	暗装开关盒		10 个	71.8			
31	030412001031	普通灯具	1. 名称：扁圆吸顶灯 2. 规格：25W 3. 类型：吸顶安装	套	36	80.94	2913.84	
	CD1921	半圆球吸顶灯灯罩直径≤250mm		10 套	3.6			
32	030412001032	普通灯具	1. 名称：壁灯 2. 规格：25W 自带开关 3. 类型：距地 2.0m	套	24	48.90	1173.60	
	CD1936	一般壁灯		10 套	2.4			
33	030412001033	普通灯具	1. 名称：座灯头 2. 规格：60W 3. 类型：吸顶装	套	34	22.59	768.06	
	CD1939	座灯头		10 套	3.4			
34	030412001034	普通灯具	1. 名称：软线吊灯 2. 规格：60W 3. 类型：住户室内线吊距地 2.5m	套	168	19.24	3232.32	
	CD1932	软线吊灯		10 套	16.8			
35	030414002035	送配电装置调试	1. 名称：照明系统调试 2. 电压等级：220V 3. 类型：综合	系统	1	850.81	850.81	
	CD2277	1kV 以下交流供电系统调试（综合）		系统	1			
36	030414002036	接地装置	1. 名称：接地网调试 2. 类型：综合	系统	1	954.94	954.94	
	CD2314	接地网		系统	1			

表5.9　用到的主材单价

序号	主材名称及规格	单位	单价/元	序号	主材名称及规格	单位	单价/元
1	电缆π接箱（500mm×800mm）	台	2800.00	10	安全型插座 5 孔，250V，15A	套	34.00
2	电缆 T 接箱（500mm×500mm）	台	2600.00	11	防溅型插座 5 孔，250V，15A	套	38.00
3	二、三表箱（400mm×600mm）	台	1800.00	12	单相二、三极插座 5 孔，250V，15A	套	31.00
4	户配电箱（300mm×420mm）	台	1400.00	13	空调插座 3 孔，250V，15A	套	25.00
5	照明开关（单极开关 250V，10A）	只	25.00	14	避雷网	m	8.00
6	照明开关（双极开关 250V，10A）	只	33.00	15	排风扇	台	120.00
7	照明开关（三极开关 250V，10A）	只	40.00	16	钢管 DN70	m	37.30
8	声光控延时开关（250V，10A）	只	35.00	17	钢管 DN25	m	10.71
9	单极拉线开关（250V，10A）	只	28.00	18	钢管 DN20	m	6.36

续表

序号	主材名称及规格	单位	单价/元	序号	主材名称及规格	单位	单价/元
19	钢管 DN15	m	4.80	25	接线盒	个	2.00
20	绝缘导线 BV-50mm^2	m	42.30	26	开关盒	个	1.80
21	绝缘导线 BV-25mm^2	m	19.80	27	半圆球吸顶灯直径≤250mm	套	58.00
22	绝缘导线 BV-10mm^2	m	6.70	28	一般壁灯	套	30.02
23	绝缘导线 BV-4mm^2	m	1.99	29	座灯头	套	12.40
24	绝缘导线 BV-2.5mm^2	m	1.28	30	白炽灯	套	6.00

表5.10　综合单价分析表

工程名称：某单元楼层照明系统工程　　　　　　　　　　　　　　　　第1页　共14页

项目编码	030404017001	项目名称	配电箱	计量单位	台	工程量	1

清单综合单价组成明细

定额编号	定额项目名称	定额单位	数量	单价/元				合价/元			
				人工费	材料费	机械费	综合费	人工费	材料费	机械费	综合费
CD0347	悬挂嵌入式配电箱半周长≤1.5m	台	1	136.46	33.60	—	31.39	136.46	33.60	—	31.39
CD0440	导线截面面积≤70mm^2	10个	0.4	78.32	125.30	—	18.01	31.33	50.12	—	7.20
CD0439	导线截面面积≤35mm^2	10个	0.2	39.16	52.62	—	9.01	7.83	10.52	—	1.80
人工单价				小计				175.62	94.24	—	40.39
85 元/工日				未计价材料费				2800.00			
清单项目综合单价								3110.25			

材料费明细	主要材料名称、规格、型号	单位	数量	单价/元	合价/元	暂估单价/元	暂估合价/元
	电缆π接箱（500mm×800mm）	台	1	2800.00	2800.00		
	其他材料费						
	材料费小计			—	2800.00		

工程名称：某单元楼层照明系统工程　　　　　　　　　　　　　　　　第2页　共14页

项目编码	030404017002	项目名称	配电箱	计量单位	台	工程量	10

清单综合单价组成明细

定额编号	定额项目名称	定额单位	数量	单价/元				合价/元			
				人工费	材料费	机械费	综合费	人工费	材料费	机械费	综合费
CD0346	悬挂嵌入式配电箱半周长≤1.0m	台	10	106.79	30.84	—	24.56	1067.90	308.40	—	245.60
CD0440	导线截面面积≤70mm^2	10个	6	78.32	125.30	—	18.01	469.92	751.80	—	108.06
CD0439	导线截面面积≤35mm^2	10个	3	39.16	52.62	—	9.01	117.48	157.86	—	27.03
人工单价				小计				1655.30	1218.06	—	380.69
85 元/工日				未计价材料费				26000.00			
清单项目综合单价								2925.41			

续表

材料费明细	主要材料名称、规格、型号	单位	数量	单价/元	合价/元	暂估单价/元	暂估合价/元
	电缆 T 接箱（500mm×500mm）	台	10	2600.00	26000.00		
	其他材料费						
	材料费小计			—	26000.00		

工程名称：某单元楼层照明系统工程　　　　　　　　　　　　　　　　　　第 3 页　共 14 页

项目编码	030404034007	项目名称	照明开关	计量单位	个	工程量	24

清单综合单价组成明细

定额编号	定额项目名称	定额单位	数量	单价/元				合价/元			
				人工费	材料费	机械费	综合费	人工费	材料费	机械费	综合费
CD0471	扳式暗开关（单控）单联	10 套	2.4	50.43	4.22	—	11.60	121.03	10.13	—	27.84
人工单价		小计						121.03	10.13	—	27.84
85 元/工日		未计价材料费						612.00			
清单项目综合单价								32.13			

材料费明细	主要材料名称、规格、型号	单位	数量	单价/元	合价/元	暂估单价/元	暂估合价/元
	照明开关（单极开关 250V，10A）	只	24.48	25.00	612.00		
	其他材料费						
	材料费小计			—	612.00		

工程名称：某单元楼层照明系统工程　　　　　　　　　　　　　　　　　　第 4 页　共 14 页

项目编码	030404035012	项目名称	插座	计量单位	个	工程量	96

清单综合单价组成明细

定额编号	定额项目名称	定额单位	数量	单价				合价			
				人工费	材料费	机械费	综合费	人工费	材料费	机械费	综合费
CD0508	单相暗插座 15A，5 孔	10 套	9.6	65.26	9.42	—	15.01	626.50	90.43	—	144.10
人工单价		小计						626.50	90.43	—	144.10
85 元/工日		未计价材料费						3329.28			
清单项目综合单价								43.65			

材料费明细	主要材料名称、规格、型号	单位	数量	单价/元	合价/元	暂估单价/元	暂估合价/元
	安全型插座 5 孔，250V，15A	套	97.92	34.00	3329.28		
	其他材料费						
	材料费小计			—	3329.28		

工程名称：某单元楼层照明系统工程　　　　　　　　　　　　　　　　　　第 5 页　共 14 页

项目编码	030409003016	项目名称	避雷引下线	计量单位	m	工程量	117

清单综合单价组成明细

定额编号	定额项目名称	定额单位	数量	单价				合价			
				人工费	材料费	机械费	综合费	人工费	材料费	机械费	综合费
CD1245	利用建筑物主筋引下	10m	11.7	24.33	3.73	45.65	16.10	284.66	43.64	534.11	188.37
CD1246	断接卡子制作、安装	10 套	0.6	213.59	33.40	0.16	49.16	128.15	20.04	0.10	29.50
人工单价		小计						412.81	63.68	534.21	217.87
85 元/工日		未计价材料费						—			
清单项目综合单价								10.50			

续表

材料费明细	主要材料名称、规格、型号	单位	数量	单价/元	合价/元	暂估单价/元	暂估合价/元
	其他材料费						
	材料费小计						

工程名称：某单元楼层照明系统工程　　　　　　　　　　　　　　　　　　第6页 共14页

项目编码	030409004017	项目名称	均压环	计量单位	m	工程量	84.6

清单综合单价组成明细

定额编号	定额项目名称	定额单位	数量	单价/元				合价/元			
				人工费	材料费	机械费	综合费	人工费	材料费	机械费	综合费
CD1241	柱主筋与圈梁钢筋焊接	10处	1.2	148.33	34.85	65.21	49.11	178.00	41.82	78.25	58.93
CD1247	均压环敷设利用圈梁钢筋	10m	8.46	24.68	2.37	13.19	8.17	208.80	20.05	111.59	69.12
人工单价			小计					386.80	61.87	189.84	128.05
85 元/工日			未计价材料费					—			
清单项目综合单价								9.06			

材料费明细	主要材料名称、规格、型号	单位	数量	单价/元	合价/元	暂估单价/元	暂估合价/元
	其他材料费						
	材料费小计						

工程名称：某单元楼层照明系统工程　　　　　　　　　　　　　　　　　　第7页 共14页

项目编码	030409005018	项目名称	避雷网	计量单位	m	工程量	112.96

清单综合单价组成明细

定额编号	定额项目名称	定额单位	数量	单价/元				合价/元			
				人工费	材料费	机械费	综合费	人工费	材料费	机械费	综合费
CD1248	沿混凝土块敷设	10m	11.296	56.72	12.21	9.78	15.30	640.71	137.92	110.47	172.83
人工单价			小计					640.71	137.92	110.47	172.83
85 元/工日			未计价材料费					948.88			
清单项目综合单价								17.80			

材料费明细	主要材料名称、规格、型号	单位	数量	单价/元	合价/元	暂估单价/元	暂估合价/元
	避雷网	m	118.61	8.00	948.88		
	其他材料费						
	材料费小计				—	948.88	

工程名称：某单元楼层照明系统工程　　　　　　　　　　　　　　　　　　第8页 共14页

项目编码	030404033019	项目名称	风扇	计量单位	台	工程量	24

清单综合单价组成明细

定额编号	定额项目名称	定额单位	数量	单价/元				合价/元			
				人工费	材料费	机械费	综合费	人工费	材料费	机械费	综合费
CD0468	轴流排风扇	台	24	36.19	2.61	—	8.32	868.56	62.64	—	199.68
人工单价			小计					868.56	62.64	—	199.68
85 元/工日			未计价材料费					2880.00			
清单项目综合单价								167.12			

续表

材料费明细	主要材料名称、规格、型号	单位	数量	单价/元	合价/元	暂估单价/元	暂估合价/元
	排风扇	台	24	120.00	2880.00		
	其他材料费						
	材料费小计			—	2880.00		

工程名称：某单元楼层照明系统工程　　　　　　　　　　　　　　　　　　　　第 9 页　共 14 页

项目编码	030411001020	项目名称		配管		计量单位		m	工程量	51.2

清单综合单价组成明细

定额编号	定额项目名称	定额单位	数量	单价/元				合价/元			
				人工费	材料费	机械费	综合费	人工费	材料费	机械费	综合费
CD1482	钢管公称直径≤70mm	100m	0.512	1368.74	420.97	81.99	333.67	700.79	215.54	41.98	170.84
人工单价		小计						700.79	215.54	41.98	170.84
85 元/工日		未计价材料费						1967.20			
清单项目综合单价								60.48			

材料费明细	主要材料名称、规格、型号	单位	数量	单价/元	合价/元	暂估单价/元	暂估合价/元
	钢管 DN70	m	52.74	37.30	1967.20		
	其他材料费						
	材料费小计			—	1967.20		

工程名称：某单元楼层照明系统工程　　　　　　　　　　　　　　　　　　　第 10 页　共 14 页

项目编码	030411004024	项目名称		配线		计量单位		m	工程量	199.6

清单综合单价组成明细

定额编号	定额项目名称	定额单位	数量	单价/元				合价/元			
				人工费	材料费	机械费	综合费	人工费	材料费	机械费	综合费
CD1764	铜芯导线截面面积≤70mm²	100m单线	1.996	168.50	28.50	—	38.76	336.33	56.89	—	77.36
人工单价		小计						336.33	56.89	—	77.36
85 元/工日		未计价材料费						8865.23			
清单项目综合单价								46.77			

材料费明细	主要材料名称、规格、型号	单位	数量	单价/元	合价/元	暂估单价/元	暂估合价/元
	绝缘导线 BV-50mm²	m	209.58	42.30	8865.23		
	其他材料费						
	材料费小计			—	8865.23		

工程名称：某单元楼层照明系统工程　　　　　　　　　　　　　　　　　　　第 11 页　共 14 页

项目编码	030411004026	项目名称		配线		计量单位		m	工程量	541.44

清单综合单价组成明细

定额编号	定额项目名称	定额单位	数量	单价/元				合价/元			
				人工费	材料费	机械费	综合费	人工费	材料费	机械费	综合费
CD1760	铜芯导线截面面积≤10mm²	100m单线	5.4144	56.36	20.55	—	12.96	305.16	111.27	—	70.17
人工单价		小计						305.16	111.27	—	70.17
85 元/工日		未计价材料费						3809.02			
清单项目综合单价								7.93			

续表

材料费明细	主要材料名称、规格、型号	单位	数量	单价/元	合价/元	暂估单价/元	暂估合价/元
	绝缘导线 BV-10mm²	m	568.51	6.70	3809.02		
	其他材料费						
	材料费小计			—	3809.02		

工程名称：某单元楼层照明系统工程

项目编码	030411006029	项目名称	接线盒	计量单位	个	工程量	300

清单综合单价组成明细

定额编号	定额项目名称	定额单位	数量	单价/元				合价/元			
				人工费	材料费	机械费	综合费	人工费	材料费	机械费	综合费
CD1914	暗装接线盒	10 个	30.00	26.70	14.07	—	6.14	801.00	422.10	—	184.20
人工单价		小计						801.00	422.10	—	184.20
85 元/工日		未计价材料费						612.00			
清单项目综合单价								6.73			

材料费明细	主要材料名称、规格、型号	单位	数量	单价/元	合价/元	暂估单价/元	暂估合价/元
	接线盒	个	306.00	2.00	612.00		
	其他材料费						
	材料费小计			—	612.00		

工程名称：某单元楼层照明系统工程

项目编码	030412001031	项目名称	普通灯具	计量单位	套	工程量	36

清单综合单价组成明细

定额编号	定额项目名称	定额单位	数量	单价/元				合价/元			
				人工费	材料费	机械费	综合费	人工费	材料费	机械费	综合费
CD1921	半圆球吸顶灯灯罩直径≤250mm	10 套	3.60	128.15	65.99	—	29.47	461.34	237.56	—	106.09
人工单价		小计						461.34	237.56	—	106.09
85 元/工日		未计价材料费						2108.88			
清单项目综合单价								80.94			

材料费明细	主要材料名称、规格、型号	单位	数量	单价/元	合价/元	暂估单价/元	暂估合价/元
	半圆球吸顶灯直径≤250mm	套	36.36	58.00	2108.88		
	其他材料费						
	材料费小计			—	2108.88		

项目编码	030414002035		项目名称	送配电装置调试	计量单位	系统	工程量	1

清单综合单价组成明细

定额编号	定额项目名称	定额单位	数量	单价/元				合价/元			
				人工费	材料费	机械费	综合费	人工费	材料费	机械费	综合费
CD2277	1kV 以下交流供电系统调试（综合）	系统	1	593.30	4.64	94.64	158.23	593.30	4.64	94.64	158.23
人工单价		小计						593.30	4.64	94.64	158.23
85 元/工日		未计价材料费									
清单项目综合单价								850.81			

材料费明细	主要材料名称、规格、型号		单位	数量	单价/元	合价/元	暂估单价/元	暂估合价/元
	其他材料费							
	材料费小计							

6

建筑防雷接地系统工程
计量与计价实例

6.1 某二层楼房防雷接地系统工程计量与计价实例

1. 工程概况与设计说明

某工程为二层楼房，其防雷接地系统工程如图 6.1 和图 6.2 所示，设计说明如下。

1）屋面上暗设 $\phi8$ 热镀锌圆钢作为避雷网。

2）利用柱内 2 根 $\phi16$ 主筋作为引下线。

3）沿建筑基槽外四周敷设一根 −40×4 热镀锌扁钢，埋深 0.75m，作为防雷接地、工作接地、保护接地等共用接地装置，户内引上墙部分接地为 −40×4 热镀锌扁钢。接地电阻不大于 1Ω。

4）本工程设总等电位连接，总等电位箱设于一层。

2. 工程量计算

防雷接地工程量计算见表 6.1。

表 6.1 防雷接地工程量计算

序号	项目名称	单位	工程量	计算式
1	户外接地母线	m	80.47	户外接地母线−40×4 热镀锌扁钢： [水平长度 70.95+埋深至配电箱、总等电位箱地平面 0.75×2+埋深至引下线接点(0.75+0.5)×4]×(接地母线附加长度 3.9%+1)≈80.47
2	户内接地母线	m	1.87	户内接地母线−40×4 热镀锌扁钢： 至配电箱、总等电位箱(1.5+0.3)×1.039≈1.87
3	管沟土方	m³	24.12	户外接地母线=沟深 0.34×沟长 70.95=24.12
4	避雷引下线	m	24	主筋引下线 2 根：6×4=24
5	避雷网	m	90.76	$\phi8$ 热镀锌圆钢避雷网： (水平长度 73.85+至引下线 0.7×3+至引下线 0.3+避雷针 0.5×3+女儿墙至屋面 8×1.2)×1.039≈90.76
6	总等电位箱	台	1	一层
7	断接卡箱、断接卡子	块	4	引下线上设置 4
8	接地装置系统调试	系统	1	1

3. 工程量清单与计价

根据《通用安装工程工程量计算规范》（GB 50856—2013）及《四川省建设工程工程量清单计价定额——通用安装工程》（2015），编制防雷接地系统工程分部分项工程量清单与计价表，见表 6.2；用到的主材单价见表 6.3，综合单价分析表见表 6.4。

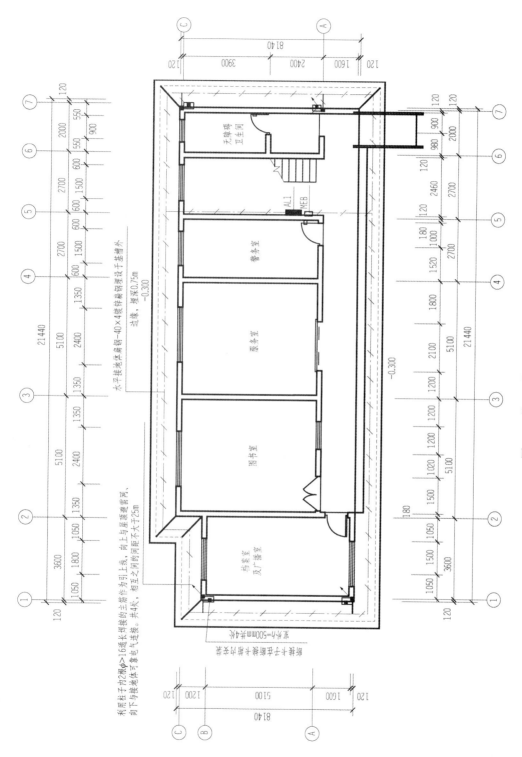

图 6.1 某工程接地平面布置

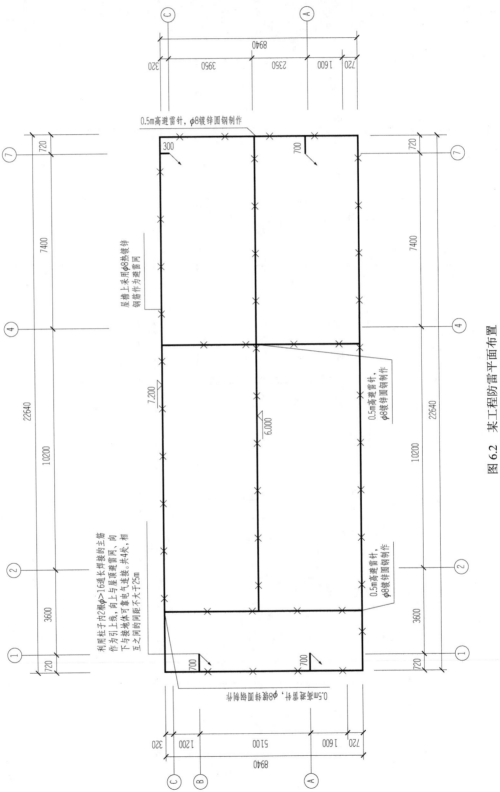

图 6.2 某工程防雷平面布置

表6.2 防雷接地系统工程分部分项工程量清单与计价表

序号	项目编码	项目名称	项目特征描述	计量单位	工程量	综合单价	合价	其中暂估价
1	030409002001	接地母线	1. 名称：户外接地母线 2. 材质：镀锌扁钢 3. 规格：－40×4 4. 安装部位：埋地 0.75m	m	80.47	31.50	2534.81	
	CD1229	户外接地母线敷设，截面面积为 160mm²	10m	8.047				
2	030409002002	接地母线	1. 名称：户内接地母线 2. 材质：镀锌扁钢 3. 规格：－40×4 4. 安装部位：沿墙	m	1.87	21.19	39.63	
	CD1228	户内接地母线敷设，截面面积为 160mm²	10m	0.187				
3	010101007001	管沟土方	1. 名称：接地母线沟 2. 土壤类别：建筑垃圾土	m³	24.12	65.68	1584.20	
	CD1209	电缆沟挖填含建筑垃圾土	m³	24.12				
4	030409003001	避雷引下线	1. 名称：避雷引下线 2. 规格：2 根 ϕ16 主筋 3. 安装方式：利用柱内主筋作为引下线 4. 断接卡子、箱材质、规格：钢制 146mm×80mm 4 套	m	24	51.39	1233.36	
	CD1245	利用建筑物主筋引下	10m	2.4				
	CD1246	断接卡子制作、安装	10 套	0.4				
	CD1294	断接卡箱安装	台	4				
5	030409005001	避雷网	1. 名称：避雷网 2. 材质：镀锌圆钢 3. 规格：ϕ8 4. 安装方式：沿女儿墙敷设	m	90.76	14.65	1329.63	
	CD1248	避雷网沿混凝土块敷设	10m	9.076				
6	030409008001	等电位端子箱	1. 名称：总等电位箱 2. 材质：钢制 3. 规格：146mm×80mm	台	1	224.83	224.83	
	CD1294	总等电位箱	台	1				
7	030414011001	接地装置	1. 名称：接地装置系统调试 2. 类别：接地网	系统	1	954.94	954.94	
	CD2314	接地网调试	系统	1				

表6.3 用到的主材单价

序号	主材名称及规格	单位	单价/元	序号	主材名称及规格	单位	单价/元
1	镀锌扁钢－40×4	m	7.43	3	避雷网镀锌圆钢 ϕ8	m	5.00
2	接地箱	台	149.00				

表 6.4　综合单价分析表

工程名称：某二层楼房防雷接地系统工程　　　　　　　　　　　　　　　　　第 1 页　共 2 页

项目编码	030409003001	项目名称	避雷引下线	计量单位	m	工程量	24

清单综合单价组成明细

定额编号	定额项目名称	定额单位	数量	单价/元				合价/元			
				人工费	材料费	机械费	综合费	人工费	材料费	机械费	综合费
CD1245	利用建筑物主筋引下	10m	2.4	24.33	3.73	45.65	16.10	58.39	8.95	109.56	38.64
CD1246	断接卡子制作、安装	10 套	0.4	213.59	33.40	0.16	49.16	85.44	13.36	0.06	19.66
CD1294	断接卡箱安装	台	4	51.85	7.50	3.70	12.78	207.40	30.00	14.80	51.12
人工单价			小计					351.23	52.31	124.42	109.42
85 元/工日			未计价材料费					596.00			
清单项目综合单价								51.39			

材料费明细	主要材料名称、规格、型号		单位		数量	单价/元	合价/元	暂估单价/元	暂估合价/元
	接地箱		台		4	149.00	596.00		
	其他材料费								
	材料费小计					—	596.00		

工程名称：某二层楼房防雷接地系统工程　　　　　　　　　　　　　　　　　第 2 页　共 2 页

项目编码	030409005001	项目名称	避雷网	计量单位	m	工程量	90.76

清单综合单价组成明细

定额编号	定额项目名称	定额单位	数量	单价/元				合价/元			
				人工费	材料费	机械费	综合费	人工费	材料费	机械费	综合费
CD1248	避雷网沿混凝土块敷设	10m	9.076	56.72	12.21	9.78	15.30	514.79	110.82	88.76	138.86
人工单价			小计					514.79	110.82	88.76	138.86
85 元/工日			未计价材料费					476.49			
清单项目综合单价								14.65			

材料费明细	主要材料名称、规格、型号		单位		数量	单价/元	合价/元	暂估单价/元	暂估合价/元
	避雷网镀锌圆钢 φ8		m		95.298	5.00	476.49		
	其他材料费								
	材料费小计					—	476.49		

6.2　某综合楼防雷接地系统工程计量与计价实例

1. 工程概况与设计说明

某综合楼防雷接地平面图如图 6.3 所示。设计说明如下。

1）图 6.3 中标高以室外地坪为±0.00 计算，不考虑高差，也不考虑引下线与避雷网、引下线与断接卡子的连接耗量。

2）避雷网均采用—25×4 镀锌扁钢，屋顶标高为 21m，局部 24m。

3）引下线采用柱内主筋引下，每处引下线利用 2 根主筋引下，在距地坪 1.8m 处设断接卡子。

4）接地电阻要求小于 10Ω。

5）图 6.3 中标高以 m 计，其余尺寸以 mm 计。

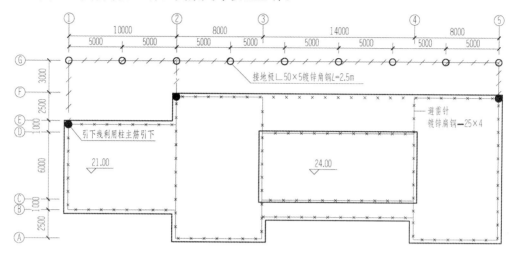

图 6.3　某综合楼防雷接地平面图

2. 工程量计算

防雷接地工程量计算见表 6.5。

表 6.5　防雷接地工程量计算

	项目名称	单位	工程量	计算式
1	避雷网	m	190.76	一25×4 镀锌扁钢避雷网： {东西水平长度(10+8+14+8)×2+南北水平长度[(2.5+1+6+1+2.5)×4+(1+6+1)] +突出屋面水平长度(14×2)+女儿墙至屋面 6×0.6+至突出屋面(24-21)×4 处}× (1+3.9%)=183.6×1.039=190.76
2	避雷引下线	m	57.6	主筋引下线 2 根： (21-1.8)×3=57.6
3	断接卡箱、断接卡子	块	3	引下线上设置
4	接地极	根	9	∟50×50×5 镀锌角钢：9 根，L=2.5m
5	接地母线	m	61.3	一25×4 镀锌扁钢： [东西水平长度(10+8+14+8)+南北水平长度(2.5+3×3)+垂直长度(0.7+1.8) ×3]×(1+3.9%)=59×1.039≈61.3
6	接地装置系统调试	系统	1	1

3. 工程量清单与计价

依据《通用安装工程工程量计算规范》（GB 50856—2013）及《四川省建设工程工程量清单计价定额——通用安装工程》(2015)，编制防雷接地工程分部分项工程量清单与计价表，见表 6.6；用到的主材单价见表 6.7，综合单价分析表见表 6.8。

表 6.6　防雷接地工程分部分项工程量清单与计价表

序号	项目编码	项目名称	项目特征描述	计量单位	工程量	综合单价	合价	其中 暂估价
1	030409001001	接地极	1. 名称：接地极 2. 材质：镀锌角钢 3. 规格：∟50×50×5 4. 土质：见设计说明	根	9	83.31	749.79	
	CD1221	角钢接地极，普通土		根	9			
2	030409002002	接地母线	1. 名称：接地母线 2. 材质：镀锌扁钢 3. 规格：—25×4 4. 安装部位：埋地	m	61.3	21.79	1335.73	
	CD1228	户外接地母线敷设		10m	6.13			
3	030409003003	避雷引下线	1. 名称：避雷引下线 2. 规格：2根柱主筋 3. 安装部位：利用柱内主筋作引下线 4. 断接卡子、箱材质、规格：详见设计说明	m	57.6	14.48	834.05	
	CD1245	利用建筑物主筋引下		10m	5.76			
	CD1246	断接卡子制作、安装		10套	0.3			
	CD1294	断接卡箱安装		台	3			
4	030409005004	避雷网	1. 名称：避雷网 2. 材质：镀锌扁钢 3. 规格：—25×4 4. 安装方式：沿女儿墙敷设	m	190.76	17.80	3395.53	
	CD1248	避雷网沿混凝土块敷设		10m	19.076			
5	030414011005	接地装置	1. 名称：接地装置系统调试 2. 类别：接地网	系统	1	954.94	954.94	
	CD2314	接地网调试		系统	1			

表 6.7　用到的主材单价

序号	主材名称及规格	单位	单价/元	序号	主材名称及规格	单位	单价/元
1	镀锌扁钢—25×4	m	8	3	接地箱	台	149.00
2	镀锌角钢∟50×50×5	m	28				

表6.8 综合单价分析表

工程名称：某综合楼防雷接地系统工程 第1页 共5页

项目编码	030409001001		项目名称		接地极		计量单位		根	工程量	9

清单综合单价组成明细

定额编号	定额项目名称	定额单位	数量	单价/元				合价/元			
				人工费	材料费	机械费	综合费	人工费	材料费	机械费	综合费
CD1221	角钢接地极，普通土	根	9	28.48	2.84	13.04	9.55	256.32	25.56	117.36	85.95
人工单价		小计						256.32	25.56	117.36	85.95
85元/工日		未计价材料费						264.60			
	清单项目综合单价							83.31			

材料费明细	主要材料名称、规格、型号	单位	数量	单价/元	合价/元	暂估单价/元	暂估合价/元
	镀锌角钢∟50×50×5	kg	9.45	28	264.60		
	其他材料费						
	材料费小计				—	264.60	

工程名称：某综合楼防雷接地系统工程 第2页 共5页

项目编码	030409002002		项目名称		接地母线		计量单位		m	工程量	61.3

清单综合单价组成明细

定额编号	定额项目名称	定额单位	数量	单价/元				合价/元			
				人工费	材料费	机械费	综合费	人工费	材料费	机械费	综合费
CD1228	户外接地母线敷设	10m	6.13	84.43	19.87	8.26	21.32	517.56	121.80	50.63	130.69
人工单价		小计						517.56	121.80	50.63	130.69
85元/工日		未计价材料费						514.92			
	清单项目综合单价							21.79			

材料费明细	主要材料名称、规格、型号	单位	数量	单价/元	合价/元	暂估单价/元	暂估合价/元
	镀锌扁钢—25×4	m	64.365	8	514.92		
	其他材料费						
	材料费小计				—	514.92	

工程名称：某综合楼防雷接地系统工程 第3页 共5页

项目编码	030409003003		项目名称		避雷引下线		计量单位		m	工程量	57.6

清单综合单价组成明细

定额编号	定额项目名称	定额单位	数量	单价/元				合价/元			
				人工费	材料费	机械费	综合费	人工费	材料费	机械费	综合费
CD1245	利用建筑物主筋引下	10m	5.76	24.33	3.73	45.65	16.10	140.14	21.48	262.94	92.74
CD1246	断接卡子制作、安装	10套	0.3	213.5	33.40	0.16	49.16	64.01	10.02	0.48	14.75
CD1294	断接卡箱安装	台	3	51.85	7.50	3.70	12.78	155.55	22.50	11.10	38.34
人工单价		小计						359.70	54.00	274.52	145.83
85元/工日		未计价材料费									
	清单项目综合单价							14.48			

材 料 费 明 细	主要材料名称、规格、型号	单位	数量	单价/元	合价/元	暂估单 价/元	暂估合 价/元
	其他材料费						
	材料费小计						

工程名称：某综合楼防雷接地系统工程　　　　　　　　　　　　　　　　　　第 4 页　共 5 页

项目编码	030409005004		项目名称	避雷网		计量单位	m	工程量	190.76

清单综合单价组成明细

定额 编号	定额 项目名称	定额 单位	数量	单价/元				合价/元			
				人工费	材料费	机械费	综合费	人工费	材料费	机械费	综合费
CD1248	避雷网沿混凝土 块敷设	10m	19.076	56.72	12.21	9.78	15.30	1081.99	232.92	186.56	291.86
人工单价		小计						1081.99	232.92	186.56	291.86
85 元/工日		未计价材料费						1602.38			
清单项目综合单价								17.80			

材 料 费 明 细	主要材料名称、规格、型号	单位	数量	单价/元	合价/元	暂估单 价/元	暂估合 价/元
	避雷网镀锌扁钢—25×4	m	200.298	8	1602.38		
	其他材料费						
	材料费小计			—	1602.38		

工程名称：某综合楼防雷接地系统工程　　　　　　　　　　　　　　　　　　第 5 页　共 5 页

项目编码	030414011005		项目名称	接地装置		计量单位	系统	工程量	1

清单综合单价组成明细

定额 编号	定额 项目名称	定额 单位	数量	单价/元				合价/元			
				人工费	材料费	机械费	综合费	人工费	材料费	机械费	综合费
CD2314	接地网调试	系统	1	593.30	4.64	179.30	177.70	593.30	4.64	179.30	177.70
人工单价		小计						593.30	4.64	179.30	177.70
85 元/工日		未计价材料费									
清单项目综合单价								954.94			

材 料 费 明 细	主要材料名称、规格、型号	单位	数量	单价/元	合价/元	暂估单 价/元	暂估合 价/元
	其他材料费						
	材料费小计						

7

电话系统工程计量与计价实例

7.1　某二层楼房电话系统工程计量与计价实例

1．工程概况与设计说明

某工程为二层楼房，其电话系统工程平面图如图 7.1 和图 7.2 所示，设计说明如下。

1）室外电缆埋深 0.9m，一般土壤。

2）电气暗配线管埋深均为 0.1m。

3）手孔井为小手孔 220mm×320mm×220mm（SSK）。

4）电话电缆工程量计算至手孔井。

5）本工程设总等电位连接，总等电位箱设于一层。

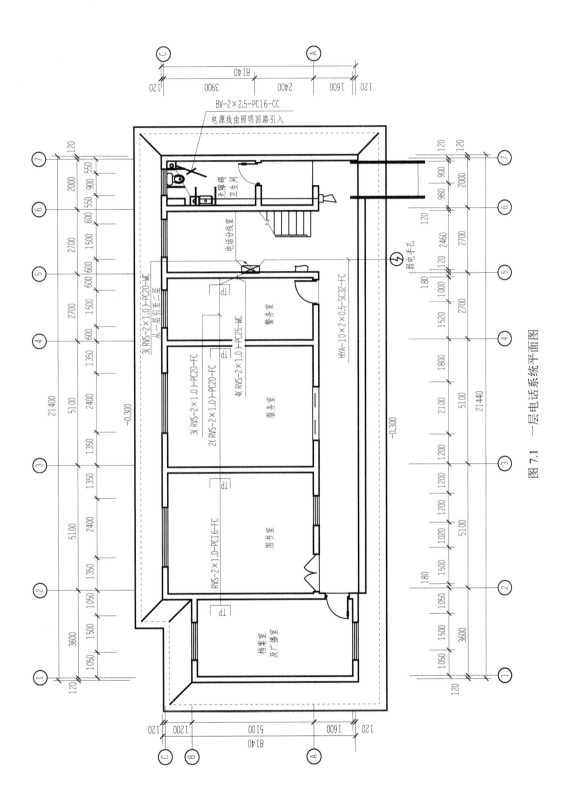

图 7.1　一层电话系统平面图

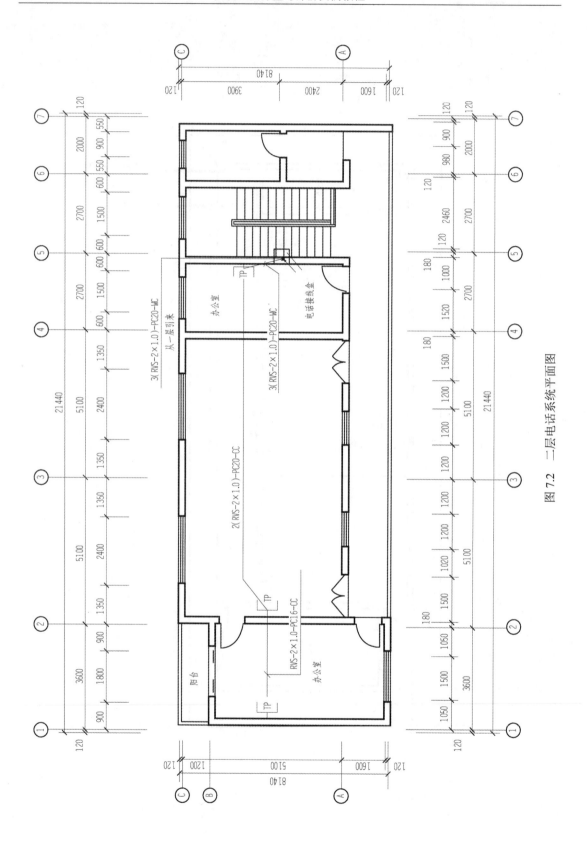

图 7.2 二层电话系统平面图

2. 工程量计算

电话系统工程量计算表见表 7.1。

表 7.1　电话系统工程量计算表

序号	项目名称	单位	工程量	计算式
1	分线接线箱（盒）	个	1	STO-10（200mm×100mm）一层
2	电话插座	个	7	电话插座：一层 4+二层 3=7
3	电话电缆 HYA-10×2×0.5	m	8.2	保护管长度 7.9+分线箱预留 0.3=8.2
4	管沟土方	m³	3.128	电缆沟=沟深 0.9×沟宽（0.3×2+0.032）×沟长 5.5≈3.128
5	塑料接线盒 86H	个	1	1
6	电话塑料底盒	个	7	7
7	手孔砌筑 220mm×320mm×220mm	个	1	1
8	手孔防水	m²	0.38	0.22×0.32×4+0.22×0.22×2=0.38
9	配管	m	7.9	镀锌钢管 SC32（配线 HYA-10×2×0.5mm） （手孔井前端不计）手孔井至分线箱 5.5+埋深 0.9+至分线箱底边 1.5=7.9
10	配管	m	6.8	刚性阻燃管 PC25，一层 1）接地（配线 BV-1×16 mm²）： 分线箱（1.5+0.1）+1.8+总等电位箱（0.1+0.3）=3.8 2）配线 4（RVS-2×1.0 mm²）： 分线箱（1.5+0.1）+1+插座（0.1+0.3）=3 合计：3.8+3=6.8
11	配管	m	25.7	刚性阻燃管 PC20，一层 1）配线 3（RVS-2×1.0 mm²）：4 2）配线 2（RVS-2×1.0 mm²）：4.7+插座（0.3+0.1）×2=5.5 刚性阻燃管 PC20，二层 1）配线（RVS-2×1.0mm²）：一层引上（3-1.5-0.1）+至过线盒底 0.3+1.5+插座（0.3+0.1）×2=4 2）配线 2（RVS-2×1.0mm²）：11.4+插座（0.3+0.1）×2=12.2 合计：4+5.5+4+12.2=25.7
12	配管	m	9.9	刚性阻燃管 PC16，一层 配线（RVS-2×1.0 mm²）：4.7+插座（0.3+0.1）×2=5.5 刚性阻燃管 PC16，二层 配线（RVS-2×1.0mm²）：水平管 3.6+插座（0.3+0.1）×2=4.4 合计：5.5+4.4=9.9
13	配线	m	4.1	一层 接地线 BV-1×16mm²：配管量 3.8+预留 0.3=4.1
14	接线端子	个	2	BV-1×16 两端各一个
15	电话线 RVS-2×1.0mm²	m	83.4	1. 一层 4 对配管量：3×4+预留 0.3×4=13.2 3 对配管量：4×3=12 2 对配管量：5.5×2=11 1 对配管量：5.5 2. 二层 3 对配管量：4×3+预留 0.3×3=12.9 2 对配管量：12.2×2=24.4 1 对配管量：4.4 合计：13.2+12+11+5.5+12.9+24.4+4.4=83.4

3．工程量清单与计价

根据《通用安装工程工程量计算规范》（GB 50856—2013）及《四川省建设工程工程量清单计价定额——通用安装工程》(2015)，编制电话系统工程分部分项工程量清单与计价表，见表 7.2；用到的主材单价见表 7.3，综合单价分析表见表 7.4。

表 7.2　电话系统工程分部分项工程量清单与计价表

序号	项目编码	项目名称	项目特征描述	计量单位	工程量	综合单价	合价	暂估价
1	030502003001	分线接线箱（盒）	1．名称：电话分线接线箱 2．材质：PVC 3．规格：100mm×200mm 4．安装方式：嵌墙安装	个	1	187.57	187.57	
	CE0135	分线接线箱		个	1			
2	030502004001	电话插座	1．名称：电话插座 2．安装方式：嵌墙暗装 3．底盒材质、规格：PVC、86H	个	7	47.61	333.27	
	CE0136	电话插座		个	7			
	CE0469	电话插座接线盒		10 个	0.7			
3	030502006001	大对数电缆	1．名称：电话电缆 HYA 2．规格：10×2×0.5 3．线缆对数：10 对 4．敷设方式：管内敷设	m	8.2	5.55	45.51	
	CE0169	管内穿放大对数非屏蔽电缆		100m	0.082			
4	010101007001	管沟土方	1．名称：电缆沟 2．土壤类别：一般土壤	m³	3.128	37.95	118.71	
	CD1208	电缆沟挖填一般土沟		m³	3.128			
5	030411001001	配管	1．名称：刚性阻燃管 2．材质：PVC 3．规格：PC16 4．配置形式：暗配	m	9.9	7.83	77.52	
	CD1591	刚性阻燃管砖、混凝土结构暗配 PC16		100m	0.099			
6	030411001002	配管	1．名称：刚性阻燃管 2．材质：PVC 3．规格：PC20 4．配置形式：暗配	m	25.7	9.03	232.07	
	CD1592	刚性阻燃管砖、混凝土结构暗配 PC20		100m	0.257			
7	030411001002	配管	1．名称：刚性阻燃管 2．材质：PVC 3．规格：PC25 4．配置形式：暗配	m	6.8	10.96	74.53	
	CD15923	刚性阻燃管砖、混凝土结构暗配 PC25		100m	0.068			
8	030411001002	配管	1．名称：钢管 2．材质：镀锌钢管 3．规格：SC32 4．配置形式：暗配	m	7.9	25.00	197.50	

续表

序号	项目编码	项目名称	项目特征描述	计量单位	工程量	综合单价	合价	其中 暂估价
	CD1479	钢管砖、混凝土结构暗配DN32		100m	0.079			
9	030411004001	配线	1. 名称：管内穿线 2. 配线形式：动力线路 3. 型号：ZRBV 4. 规格：16mm² 5. 材质：铜芯线 6. 铜接线端子2个	m	4.1	11.31	46.37	
	CD1761	管内穿线动力线路BV-16mm²		100m	0.041			
	CD0438	压铜接线端子		10个	0.2			
10	030502005001	双绞线缆	1. 名称：RVS电话线 2. 规格：2×0.5mm² 3. 敷设方式：管内敷设	m	83.4	1.11	92.57	
	CE0139	双绞线缆		100m	0.834			
11	030411006001	接线盒	1. 名称：接线盒 2. 材质：PVC 3. 规格：86H 4. 安装形式：暗配	个	1	6.45	6.45	
	CD1914	暗装接线盒		10个	0.1			
12	030413005001	手孔砌筑	1. 名称：手孔井 2. 规格：220mm×320mm×220mm 3. 类型：混凝土	个	1	2146.87	2146.87	
	CD2239	混凝土手孔井		个	1			
13	030413006001	手孔防水	1. 名称：手孔防水 2. 防水材质及做法：防水砂浆抹面（五层）	m²	0.38	33.07	12.57	
	CD2248	手孔防水，防水砂浆抹面（五层）		m²	0.38			

表7.3 用到的主材单价

序号	主材名称及规格	单位	单价/元	序号	主材名称及规格	单位	单价/元
1	分线接线箱 PVC 100mm×200mm	个	60.00	7	镀锌钢管SC32	m	15.31
2	电话机插座（带垫木） PVC 86H	个	30.51	8	铜芯绝缘导线16mm²	m	6.66
3	对绞电缆HYA 10×2×0.5	m	4.60	9	电缆RVS电话线2×0.5	m	0.73
4	刚性阻燃管PC16	m	1.10	10	接线盒PVC 86H	个	1.73
5	刚性阻燃管PC20	m	1.76	11	用户暗盒PVC 86H	个	1.69
6	刚性阻燃管PC25	m	2.60	12	手孔口圈（车行道）	套	60.00

表7.4 综合单价分析表

工程名称：某二层楼房电话系统工程

项目编码	030502004001	项目名称	电话插座	计量单位	个	工程量	7

清单综合单价组成明细

定额编号	定额项目名称	定额单位	数量	单价/元				合价/元			
				人工费	材料费	机械费	综合费	人工费	材料费	机械费	综合费
CE0136	电话插座	个	7	4.94	—	—	0.96	34.58	—	—	6.72
CE0469	电话插座接线盒	10个	0.7	79.07	0.41	—	15.42	55.35	0.29	—	10.79
人工单价		小计						89.93	0.29	—	17.51
85元/工日		未计价材料费						225.52			
清单项目综合单价								47.61			

材料费明细	主要材料名称、规格、型号	单位	数量	单价/元	合价/元	暂估单价/元	暂估合价/元
	电话机插座（带垫木）PVC 86H	个	7	30.51	213.57		
	用户暗盒 PVC 86H	个	7.07	1.69	11.95		
	其他材料费						
	材料费小计			—	225.52		

工程名称：某二层楼房电话系统工程

项目编码	030502006001	项目名称	大对数电缆	计量单位	m	工程量	8.2

清单综合单价组成明细

定额编号	定额项目名称	定额单位	数量	单价/元				合价/元			
				人工费	材料费	机械费	综合费	人工费	材料费	机械费	综合费
CE0169	管内穿放大对数非屏蔽电缆	100m	0.082	59.30	12.48	—	11.56	4.86	1.02		0.95
人工单价		小计						4.86	1.02		0.95
85元/工日		未计价材料费						38.66			
清单项目综合单价								5.55			

材料费明细	主要材料名称、规格、型号	单位	数量	单价/元	合价/元	暂估单价/元	暂估合价/元
	对绞电缆 HYA 10×2×0.5	m	8.405	4.60	38.66		
	其他材料费						
	材料费小计			—	38.66		

7.2   某六层楼房电话系统工程计量与计价实例

1. 工程概况与设计说明

某电话系统工程平面及系统图如图 7.3～图 7.5 所示。该工程层高 3.6m，电话插座高度距地 0.3m。

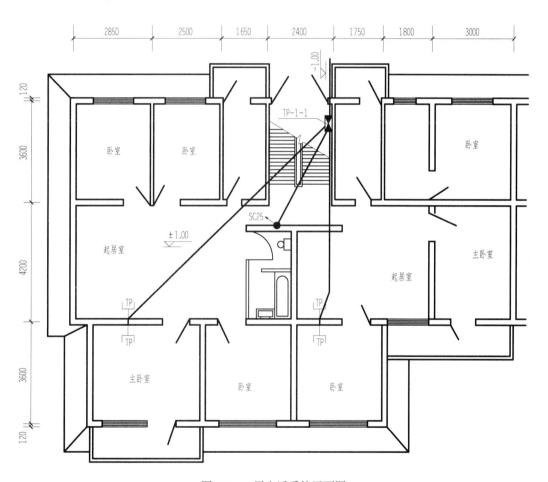

图 7.3   一层电话系统平面图

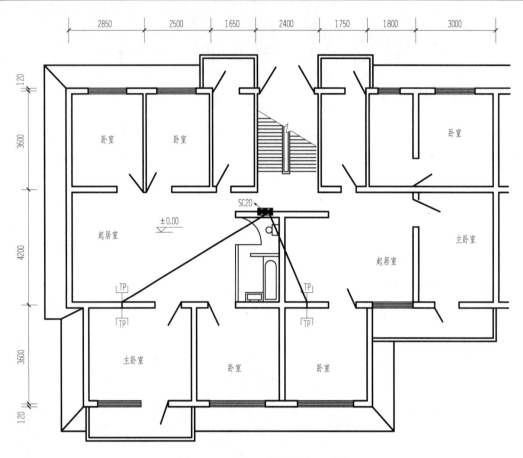

图 7.4 二至六层电话系统平面图

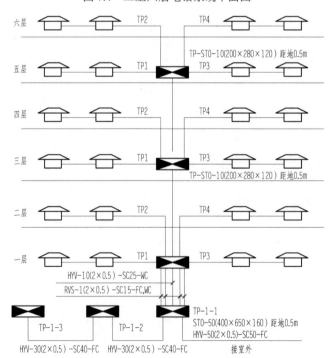

图 7.5 电话系统图

2．工程量计算

电话系统工程量计算见表 7.5。

表 7.5　电话系统工程量计算

序号	项目名称	单位	工程量	计算式
1	分线接线箱（盒）	个	1	TP-STO-50，400mm×650mm×160mm 一层
2	分线接线箱（盒）	个	2	TP-STO-10，200mm×280mm×120mm 三层、五层
3	电话插座	个	24	电话插座：4×6=24
4	配管 SC50	m	3.77	焊接钢管 SC50（配线 HYV50×2×0.5） 室外至分线箱2.27+埋深1+至分线箱底边 0.5=3.77
5	配管 SC25	m	19.37	焊接钢管 SC25（配线 HYV10×2×0.5） 立引下(0.5+0.1)+4.15+引上 3.6×4+0.5-0.28=19.37
6	配管 SC15	m	120.42	1. 一层 立引下(0.5+0.1)+9.97+0.24+(0.5+0.1)×3+立引下(0.5+0.1)+6.95+0.24+(0.5+0.1)×3= 22.20 2. 二层 立引上(3.6-0.65)+9.97+0.24+(0.5+0.1)×3+立引上(3.6-0.65)+6.95+0.24+(0.5+0.1)×3=26.90 3. 三层、五层 立引下(0.5+0.1)+6.23+0.24+(0.5+0.1)×3+立引下(0.5+0.1)+3.60+0.24+(0.5+0.1)×3=15.11 4. 四层、六层 立引上(3.6-0.28)+6.23+0.24+(0.5+0.1)×3+立引上(3.6-0.28)+3.60+0.24+(0.5+0.1)×3=20.55 合计：22.20+26.90+15.11×2+20.55×2=120.42
7	电话电缆 HYA50×2×0.5	m	6.99	引入线[3.77+进建筑物 2+(0.4+0.65)]×(1+2.5%)=6.99
8	电话电缆 HYA10×2×0.5	m	22.41	[19.37+(0.4+0.65)+(0.2+0.28)×3]×(1+2.5%)=22.41
9	电话线 RVS-2×0.5	m	128.46	120.42+(0.4+0.65)×4+(0.2+0.28)×8=128.46
10	管沟土方	m³	1.48	电缆沟=沟深 1×沟宽(0.3×2+0.05)×沟长 2.27=1.48

3．工程量清单与计价

依据《通用安装工程工程量计算规范》（GB 50856—2013）及《四川省建设工程工程量清单计价定额——通用安装工程》(2015)，编制电话系统工程分部分项工程量清单与计价表，见表 7.6；用到的主材单价见表 7.7，综合单价分析表见表 7.8。

表 7.6　电话系统工程分部分项工程量清单与计价表

序号	项目编码	项目名称	项目特征描述	计量单位	工程量	金额/元		
						综合单价	合价	其中暂估价
1	030502003001	分线接线箱（盒）	1. 名称：电话分线接线箱 2. 材质：PVC 3. 规格：400mm×650mm×160mm 4. 安装方式：嵌墙安装	个	1	187.57	187.57	
	CE0135	分线接线箱		个	1			

序号	项目编码	项目名称	项目特征描述	计量单位	工程量	综合单价	合价	其中 暂估价
2	030502003002	分线接线箱（盒）	1. 名称：电话分线接线箱 2. 材质：PVC 3. 规格：200mm×280mm×120mm 4. 安装方式：嵌墙安装	个	2	157.57	315.14	
	CE0135	分线接线箱		个	2			
3	030502004001	电话插座	1. 名称：电话插座 2. 安装方式：嵌墙暗装 3. 底盒材质、规格：PVC、86H	个	24	47.61	1142.64	
	CE0136	电话插座		10 个	2.4			
	CE0469	电话插座接线盒		个	24			
4	030411001001	配管	1. 名称：钢管 2. 材质：焊接钢管 3. 规格：SC50 4. 配置形式：暗配	m	3.77	42.31	159.50	
	CD1481	钢管砖、混凝土结构暗配 SC50		100m	0.038			
5	030411001002	配管	1. 名称：钢管 2. 材质：焊接钢管 3. 规格：SC25 4. 配置形式：暗配	m	19.37	19.63	380.23	
	CD1478	钢管砖、混凝土结构暗配 SC25		100m	0.1937			
6	030411001003	配管	1. 名称：钢管 2. 材质：焊接钢管 3. 规格：SC15 4. 配置形式：暗配	m	120.42	11.11	1337.87	
	CD1476	钢管砖、混凝土结构暗配 SC15		100m	1.2042			
7	030502006001	大对数电缆	1. 名称：电话电缆 HYA 2. 规格：50×2×0.5 3. 线缆对数：50 对 4. 敷设方式：管内敷设	m	6.99	17.19	120.16	
	CE0169	管内穿放大对数非屏蔽电缆		100m	0.0699			
8	030502006002	大对数电缆	1. 名称：电话电缆 HYA 2. 规格：10×2×0.5 3. 线缆对数：10 对 4. 敷设方式：管内敷设	m	22.41	5.55	124.376	
	CE0169	管内穿放大对数非屏蔽电缆		100m	0.2241			
9	030502005001	双绞线缆	1. 名称：RVS 电话线 2. 规格：2×0.5 3. 敷设方式：管内敷设	m	128.46	1.11	142.59	
	CE0139	双绞线缆		100m	1.2846			
10	010101007001	管沟土方	1. 名称：电缆沟 2. 土壤类别：一般土壤	m³	1.48	37.94	56.15	
	CD1208	电缆沟挖填一般土沟		m³	1.48			

表 7.7 用到的主材单价

序号	主材名称及规格	单位	单价	序号	主材名称及规格	单位	单价
1	分线接线箱 PVC 400mm×650mm×160mm	个	60.00	6	钢管 SC50	m	26.00
2	分线接线箱 PVC 200mm×280mm×120mm	个	30.00	7	钢管 SC25	m	10.71
3	电话机插座（带垫木）PVC 86H	个	30.51	8	钢管 SC15	m	4.88
4	对绞电缆 HYA 50×2×0.5	m	15.97	9	电缆 RVS 电话线 2×0.5	m	0.73
5	对绞电缆 HYA 10×2×0.5	m	4.60	10	用户暗盒 PVC 86H	个	1.69

表 7.8 综合单价分析表

工程名称：某六层楼房电话系统工程　　　　第 1 页　共 5 页

项目编码	030502003001	项目名称	分线接线箱（盒）	计量单位	个	工程量	1

清单综合单价组成明细

定额编号	定额项目名称	定额单位	数量	人工费	材料费	机械费	综合费	人工费	材料费	机械费	综合费
CE0135	分线接线箱	个	1	106.75	—	—	20.82	106.75	—	—	20.82
人工单价			小计					106.75			20.82
85 元/工日			未计价材料费					60.00			

清单项目综合单价　187.57

材料费明细	主要材料名称、规格、型号	单位	数量	单价/元	合价/元	暂估单价/元	暂估合价/元
	分线接线箱 PVC 400mm×650mm×160mm	个	1	60.00	60.00		
	其他材料费						
	材料费小计	—		60.00			

工程名称：某六层楼房电话系统工程　　　　第 2 页　共 5 页

项目编码	030502004001	项目名称	电话插座	计量单位	个	工程量	24

清单综合单价组成明细

定额编号	定额项目名称	定额单位	数量	人工费	材料费	机械费	综合费	人工费	材料费	机械费	综合费
CE0136	电话插座	个	24	4.94	—	—	0.96	118.56	—	—	23.04
CE0469	电话插座接线盒	10 个	2.4	79.07	0.41	—	15.42	189.77	0.98	—	37.01
人工单价			小计					308.33	0.98	—	60.05
85 元/工日			未计价材料费					773.21			

清单项目综合单价　47.61

材料费明细	主要材料名称、规格、型号	单位	数量	单价/元	合价/元	暂估单价/元	暂估合价/元
	电话机插座（带垫木）PVC 86H	个	24	30.51	732.24		
	用户暗盒 PVC 86H	个	24.24	1.69	40.97		
	其他材料费						
	材料费小计			—	773.21		

工程名称：某六层楼房电话系统工程　　　　　　　　　　　　　　　　　　　　　　　　第 3 页　共 5 页

项目编码	030502006001	项目名称	大对数电缆	计量单位	m	工程量	6.99

清单综合单价组成明细

定额编号	定额项目名称	定额单位	数量	单价/元				合价/元			
				人工费	材料费	机械费	综合费	人工费	材料费	机械费	综合费
CE0169	管内穿放大对数非屏蔽电缆	100m	0.0699	59.30	12.48	—	11.56	4.15	0.87	—	0.81
人工单价		小计						4.15	0.87	—	0.81
85 元/工日		未计价材料费						114.35			
清单项目综合单价								17.19			

材料费明细	主要材料名称、规格、型号	单位	数量	单价/元	合价/元	暂估单价/元	暂估合价/元
	对绞电缆 HYA 50×2×0.5	m	7.16	15.97	114.35		
	其他材料费						
	材料费小计			—	114.35		

工程名称：某六层楼房电话系统工程　　　　　　　　　　　　　　　　　　　　　　　　第 4 页　共 5 页

项目编码	030502005001	项目名称	双绞线缆	计量单位	m	工程量	128.46

清单综合单价组成明细

定额编号	定额项目名称	定额单位	数量	单价/元				合价/元			
				人工费	材料费	机械费	综合费	人工费	材料费	机械费	综合费
CE0139	双绞线缆	100m	1.2846	28.66	0.54	1.81	5.94	36.82	0.69	2.33	7.63
人工单价		小计						36.82	0.69	2.33	7.63
85 元/工日		未计价材料费						95.65			
清单项目综合单价								1.11			

材料费明细	主要材料名称、规格、型号	单位	数量	单价/元	合价/元	暂估单价/元	暂估合价/元
	电缆 RVS 电话线 2×0.5	m	131.03	0.73	95.65		
	其他材料费						
	材料费小计			—	95.65		

工程名称：某六层楼房电话系统工程　　　　　　　　　　　　　　　　　　　　　　　　第 5 页　共 5 页

项目编码	030411001001	项目名称	配管	计量单位	m	工程量	3.77

清单综合单价组成明细

定额编号	定额项目名称	定额单位	数量	单价/元				合价/元			
				人工费	材料费	机械费	综合费	人工费	材料费	机械费	综合费
CD1481	钢管砖、混凝土结构暗配 SC50	100m	0.038	943.35	314.25	55.98	229.85	35.85	11.94	2.13	8.73
人工单价		小计						35.85	11.94	2.13	8.73
85 元/工日		未计价材料费						100.88			
清单项目综合单价								42.31			

材料费明细	主要材料名称、规格、型号	单位	数量	单价/元	合价/元	暂估单价/元	暂估合价/元
	钢管 SC50	m	3.88	26.00	100.88		
	其他材料费						
	材料费小计			—	100.88		

8

综合布线系统工程计量与计价实例

8.1　某小区综合布线系统工程计量与计价实例

1．工程概况与设计说明

某小区计算机网络及综合布线系统如图 8.1 所示。

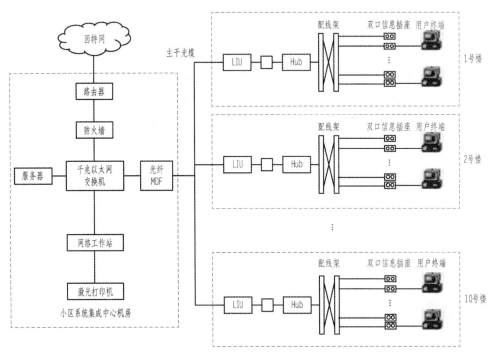

图 8.1　计算机网络及综合布线系统

设计说明如下：

1）计算机网络系统工程：建小区宽带局域网并与因特网（Internet）相连。网络中每个信息点速率应能达到 10Mb/s 专享宽带。

2）综合布线系统工程：全部采用超五类布线系统。工程安装完毕后需进行光缆及超五类测试。

① 建筑群子系统：楼群到机房之间采用室外管道中敷设 4 芯多模光缆作为传输干线，共计 1500m。

② 设备间子系统：主配线间设在系统集成中心机房，在每栋楼中间单元的首层弱电井中设配线间。在配线间安装机架、配线架、光纤盒等。计算机网络系统的智能集线器（Hub）也可以安装在该配线间（24 口配线架、线管理器等）。中心机房内有单机支持 50 个用户的服务器 2 台，单机支持 8 个用户的服务器 1 台，1.5GB 系统软件一套，1.2GB 系统软件一套。

③ 管理间子系统：数据通信管理可由光纤跳线来完成。

④ 水平干线子系统：采用超五类非屏蔽双绞线，由配线间出来沿弱电井金属线槽到每一楼层，穿预埋管到用户信息插座底盒。超五类非屏蔽双绞线管内敷设工程量为 21350m，与线槽内敷设工程量相同。

⑤ 工作区子系统：终端采用标准 RJ45 双口信息插座，共 950 个。安装在墙上距地面 30cm 的预埋盒上。

2. 工程量计算

综合布线工程量计算见表 8.1。

表 8.1　综合布线工程量计算

序号	项目名称	单位	工程量	计算式
1	24 口千兆以太网交换机	台	1	中心机房
2	单机支持 50 个用户服务器	台	2	中心机房
3	单机支持 8 个用户服务器	台	1	中心机房
4	8 口路由器	台	1	中心机房
5	动态监测防火墙	台	1	中心机房
6	机架型智能集线器	台	40	4×10=40
7	A4 彩色激光打印机	台	1	中心机房
8	AVU-ST 光纤收发器	台	10	1×10=10
9	BA123 标准机柜	台	10	1×10=10
10	1.5GB 系统软件	套	1	中心机房
11	1.2GB 系统软件	套	1	中心机房
12	管内超五类非屏蔽双绞线	m	21350	21350
13	线槽内超五类非屏蔽双绞线	m	21350	21350
14	4 芯多模光缆	m	1500	1500
15	壁挂式机架	台	10	1×10=10
16	24 口配线架	条	80	950×2/24≈80
17	线管理器	个	80	950×2/24≈80
18	光纤连接盒（连接盘）	块	11	1+1×10=11
19	双口信息插座	个	950	950
20	光纤连接（熔接法）	芯	80	4×2×10=80
21	超五类双绞线缆测试	点	1900	950×2=1900
22	光纤测试	芯	40	4×10=40

3. 工程量清单与计价

根据《通用安装工程工程量计算规范》（GB 50856—2013）及《四川省建设工程工程量清单计价定额——通用安装工程》(2015)，编制综合布线工程分部分项工程量清单与计价表，见表 8.2；用到的主材单价见表 8.3，综合单价分析表见表 8.4。

表 8.2　综合布线工程分部分项工程量清单与计价表

序号	项目编码	项目名称	项目特征描述	计量单位	工程量	金额/元		
						综合单价	合价	其中 暂估价
1	030501012001	交换机	1. 名称：以太网交换机 2. 层数：24 口千兆	台	1	3699.47	3699.47	
	CE0100	固定式≤24 口		台	1			
2	030501013001	网络服务器	1. 名称：网络服务器 2. 类别：企业级	台	2	101955.88	203911.76	
	CE0106	网络服务器企业级		台	2			
3	030501013002	网络服务器	1. 名称：网络服务器 2. 类别：工作组级	台	1	20450.08	20450.08	
	CE0104	网络服务器工作组级		台	1			
4	030501009001	路由器	1. 名称：路由器 2. 类别：桌面型 3. 规格：8 口	台	1	3230.04	3230.04	
	CE0087	局域网路由器		台	1			
5	030501011001	防火墙	1. 名称：防火墙 2. 功能：动态监测	台	1	30158.62	30158.62	
	CE0093	企业级大型防火墙		台	1			
6	030501008001	集线器	1. 名称：智能集线器 2. 类别：机架型	台	40	175.41	7016.40	
	CE0084	普通型集线器		台	40			
7	030501002001	输出设备	1. 名称：打印机 2. 类别：彩色激光 3. 规格：A4	台	1	1573.39	1573.39	
	CE0017	激光打印机		台	1			
8	030501010001	收发器	1. 名称：光纤收发器 2. 类别：AVU-ST	台	10	524.11	5241.10	
	CE0091	收发器		台	10			
9	030501005001	插箱机柜	1. 名称：标准机柜 2. 规格：BA123	台	10	2250.56	22505.60	
	CE0064	机柜		台	10			
10	030501017001	软件	1. 名称：系统软件 2. 容量：1.5GB	套	1	8254.97	8254.97	
	CE0126	企业级服务器软件		套	1			
11	030501017002	软件	1. 名称：系统软件 2. 容量：1.2GB	套	1	5131.47	5131.47	
	CE0124	工作组级服务器软件		套	1			
12	030502005001	双绞线缆	1. 名称：超五类线缆 2. 线缆对数：4 对 3. 敷设方式：管内敷设	m	21350	2.69	57431.50	
	CE0165	管/暗槽内穿放测试 4 对对绞电缆		100m	213.50			
	CE0167	卡接 4 对非屏蔽对绞电缆（配线架侧）		条	950			

续表

序号	项目编码	项目名称	项目特征描述	计量单位	工程量	金额/元		其中
						综合单价	合价	暂估价
13	030502005002	双绞线缆	1. 名称：超五类线缆 2. 线缆对数：4 对 3. 敷设方式：线槽敷设	m	21350	2.46	52521.00	
	CE0166		线槽/桥架/支架/活动地板内明放测试 4 对对绞电缆	100m	213.50			
	CE0168		卡接 4 对非屏蔽对绞电缆（配线架侧）	条	950			
14	030502007001	光缆	1. 名称：4 芯多模光缆 2. 线缆对数：4 芯 3. 敷设方式：室外管内敷设	m	1500	8.21	12315.00	
	CE0179		管内穿放光缆≤12 芯	100m	15			
15	030502001001	机柜、机架	1. 名称：机架 2. 安装方式：壁挂式安装	台	10	547.84	5478.40	
	CE0132		墙挂式机柜、机架	个	10			
16	030502010001	配线架	1. 名称：配线架 2. 规格：24 口	条	80	507.66	40612.80	
	CE0195		配线架安装打结 24 口	个	40			
17	030502017001	线管理器	1. 名称：线管理器 2. 安装部位：机柜中安装	个	80	46.93	3754.40	
	CE0222		线管理器	个	80			
18	030502013001	连接盒	1. 名称：连接盒 2. 类别：光纤连接盒	块	11	49.73	547.03	
	CE0207		光纤连接盘	块	11			
19	030502012001	信息插座	1. 名称：信息插座 2. 类别：8 位模块式 3. 规格：双口 4. 安装方式：壁装 5. 底盒材质、规格：钢制，86H	个	950	34.93	33183.50	
	CE0203		双口非屏蔽 8 位模块式信息插座	10 个	95			
	CE0469		接线盒 86mm×86mm	10 个	95			
20	030502014001	光纤连接	1. 方法：熔接法 2. 模式：多模	芯	80	138.20	11056.00	
	CE0221		熔接法连接多模光纤	芯	80			
21	030502019001	双绞线缆测试	1. 测试类别：超五类 2. 测试内容：电缆链路系统测试	点	1900	41.71	79249.00	
	CE0224		五类双绞线缆测试	链路	1900			
22	030502020001	光纤测试	1. 测试类别：光纤 2. 测试内容：光纤链路系统测试	芯	40	47.69	1907.60	
	CE0226		光纤链路测试	链路	40			

表8.3 用到的主材单价

序号	主材名称及规格	单位	单价/元	序号	主材名称及规格	单位	单价/元
1	24口千兆以太网交换机	台	3500.00	11	工作组级服务器软件	套	5000.00
2	网络服务器企业级	台	100000.00	12	24口配线架	个	350.00
3	网络服务器工作组级	台	20000.00	13	4对对绞电缆	m	2.00
4	局域网路由器	台	3000.00	14	4芯光缆	m	7.00
5	企业级大型防火墙	台	30000.00	15	机柜	个	300.00
6	激光打印机	台	1500.00	16	线管理器	个	30.00
7	光纤收发器 AVU-ST	台	200.00	17	光纤连接盘	个	20.00
8	普通型集线器	台	150.00	18	8位模块式信息插座	个	20.00
9	标准机柜	台	2000.00	19	光纤连接器材	套	50.00
10	企业级服务器软件	套	8000.00	20	接线盒86mm×86mm	个	2.00

表8.4 综合单价分析表

工程名称：某小区综合布线系统工程   第1页 共2页

项目编码	030502005001		项目名称		双绞线缆		计量单位		m	工程量	21350

清单综合单价组成明细

定额编号	定额项目名称	定额单位	数量	单价/元				合价/元			
				人工费	材料费	机械费	综合费	人工费	材料费	机械费	综合费
CE0165	管/暗槽内穿放测试4对对绞电缆	100m	213.50	42.01	2.53	—	8.19	8969.14	540.16	—	1748.57
CE0167	卡接4对非屏蔽对绞电缆（配线架侧）	条	950	2.08	—	—	0.41	1976.00	—	—	389.50
人工单价			小计					10945.14	540.16	—	2138.07
85元/工日			未计价材料费					43767.50			
清单项目综合单价								2.69			

材料费明细	主要材料名称、规格、型号		单位		数量		单价/元		合价/元	暂估单价/元	暂估合价/元
	4对对绞电缆		m		21883.75		2.00		43767.50		
	其他材料费										
	材料费小计						—		43767.50		

工程名称：某小区综合布线系统工程　　　　　　　　　　　　　　　　　　　　第2页　共2页

项目编码	030502012001	项目名称	信息插座	计量单位	个	工程量	950

清单综合单价组成明细

定额编号	定额项目名称	定额单位	数量	单价/元				合价/元			
				人工费	材料费	机械费	综合费	人工费	材料费	机械费	综合费
CE0203	双口非屏蔽8位模块式信息插座	10个	95	26.98	—	—	5.26	2563.10	—	—	499.70
CE0469	接线盒86mm×86mm	10个	95	79.07	0.41	—	15.42	7511.65	38.95	—	1464.90
人工单价		小计						10074.75	38.95	—	1964.60
85元/工日		未计价材料费						21109.00			
		清单项目综合单价						34.93			

	主要材料名称、规格、型号	单位	数量	单价/元	合价/元	暂估单价/元	暂估合价/元
材料费明细	8位模块式信息插座	个	959.5	20.00	19190.00		
	接线盒86mm×86mm	个	959.5	2.00	1919.00		
	其他材料费						
	材料费小计			—	21109.00		

8.2　某中医院综合布线系统工程计量与计价实例

1. 工程概况与设计说明

某中医院综合布线工程图样如图8.2～图8.4所示。设计说明如下。

1）本工程地上四层，层高3.6m，进户电缆埋深0.8m。

2）室外手孔井设在首层6/8-K轴距外墙皮3m处，综合布线通过弱电井的竖向弱电桥架300mm×100mm送至弱电间。水平桥架贴梁下安装，梁高600mm，首层层桥架距地3m(3.6-0.6)。

3）6芯单模光缆进线穿SC40配管，电话进线穿SC80配管，数据支线（CAT6.0/4UTP六类4对非屏蔽双绞线）1T、2T穿PC20配管，3T穿PC25配管，4～6T穿PC32配管。

⊠	综合布线配线架	系统成套	只	1.5M-W
LTU	光纤配线设备	系统成套	台	1.5M-W
Hub	集线器	厂家成套	台	1.5M-W
TPO	语音、数据双孔插座	厂家成套	只	0.3M-WR

图8.2　综合布线部分图例

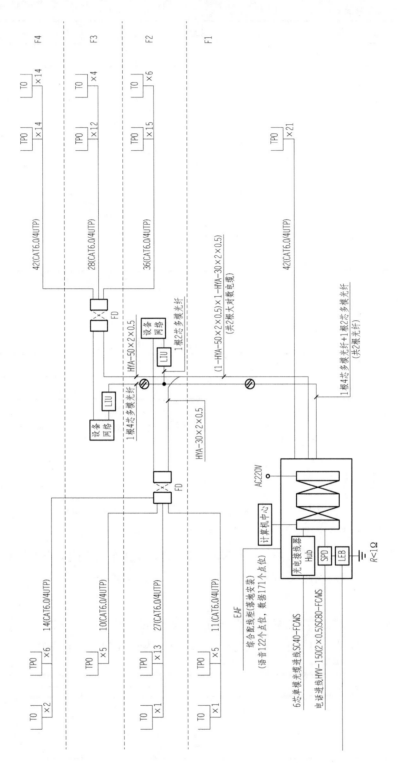

图 8.3　综合布线（语音、数据）系统图

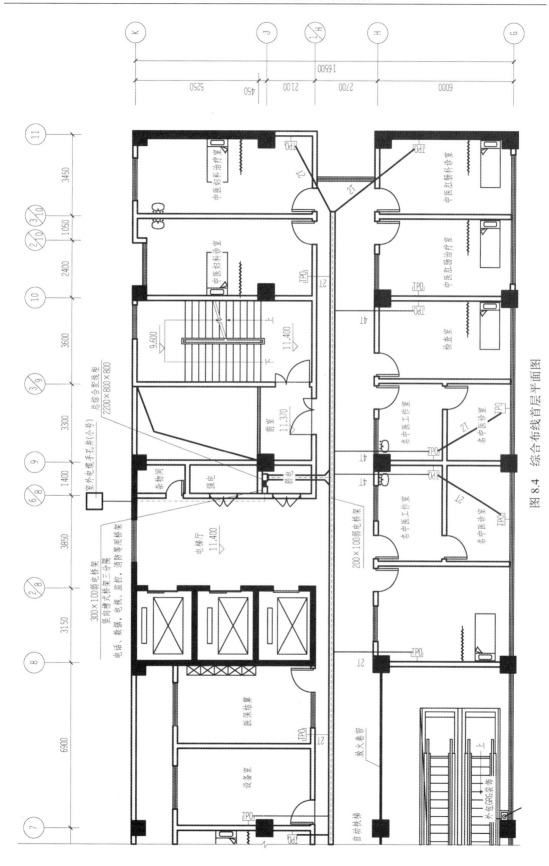

图 8.4 综合布线首层平面图

2. 工程量计算

综合布线工程量计算见表 8.5。

表 8.5　综合布线工程量计算

序号	项目名称	单位	工程量	计算式	备注
综合布线总干线工程量					
1	手孔井	个	1	1	室外手孔井设在 6/8 -K 轴距外墙皮 3m 处
2	总综合配线柜	台	1	F1 1 台	落地安装，尺寸为 2200mm×800mm×800mm
3	综合配线柜	台	2	F2、F3 各 1 台	落地安装，尺寸为 1200mm×600mm×600mm
4	总配线架 96 口	个	2	int[(65+33+21)/96]+1≈2	总配线架共连接 119 个信息插座，配线架距地 1.5m 安装
5	96 口配线架（综合布线）FD	个	1	int[(15+6+12+4+14+14+2)/96]+1≈1	F3 层配线架共连接 65 个信息插座，配线架距地 1.5m 安装
6	48 口配线架（综合布线）FD	个	1	int[(1+5+1+13+5+8)/48]+1≈1	F2 层配线架共连接 33 个信息插座，配线架距地 1.5m 安装
7	理线器	个	3	F1、F2、F3 层各 1 个	同配线架数量
8	集线器 Hub	台	3	F1、F2、F3 层各 1 台	
9	光电转换器 ST	个	3	F1、F2、F3 层各 1 个	
10	光纤配线设备 LIU	块	3	F1、F2、F3 层各 1 块	
11	浪涌保护器 SPD	个	1	F1 1 个	
12	端子箱 LEB	台	1	F1 1 台	局部等电位联结端子箱
13	配管 SC40	m	10.04	室外手孔井至外墙皮 3+水平段 5.76+至竖向弱电桥架中心 0.48 +埋深 0.8=10.04	单模光缆进线配管
14	配管 SC80	m	10.04	长度同配管 SC40 单模光纤进线	电话进线配管 HYV-150（2×0.5）
15	弱电桥架 300×100	m	16.19	F1 桥架贴梁安装(3.6-0.6)+桥架至配线柜中心 0.53+至总配线柜(3.6-0.6-2.2)+至 F2、F3 层 [3.6+0.53+(3.6-0.6-1.2)]×2=16.19	总配线柜高 2.2m，分配线柜高 1.2m
16	6 芯单模光纤	m	19.44	[进户 10.04+沿桥架至总配线柜(3.6-0.6+0.53+0.8)+终端头 1.5×2+(0.8+0.8)]×(1+2.5%)=18.97×1.025≈19.44	实际工程中调整量为 10%，工程量 20.867
17	电话电缆进线 HYV-150（2×0.5）	m	19.44	[进户 10.04+沿桥架至总配线柜(3.6-0.6+0.53+0.8)+终端头 1.5×2+(0.8+0.8)]×(1+2.5%)=18.97×1.025≈19.44	实际工程中调整量为 10%，工程量 20.867
18	4 芯多模光纤	m	13.69	[0.8+0.53+3.6+3.6+0.53+1.8+预留长度(0.8+0.8)+(0.6+0.6)]×(1+2.5%)=13.36×1.025≈13.69	连接至 F3 配线架，实际调整 10%，工程量 14.696
19	大对数电缆 HYA-50×2×0.5	m	13.69	[0.8+0.53+3.6+0.53+1.8+预留长度(0.8+0.8)+(0.6+0.6)]×(1+2.5%)=13.36×1.025≈13.69	连接至 F3 配线架，实际调整 10%，工程量 14.969
20	2 芯多模光纤	m	10.31	[0.8+0.53+3.6+0.53+1.8+预留长度(0.8+0.8)+(0.6+0.6)]×(1+2.5%)=10.06×1.025≈10.31	连接至 F2 配线架，实际调整 10%，工程量 11.07

续表

序号	项目名称	单位	工程量	计算式	备注
21	大对数电缆 HYA-30×2×0.5	m	10.31	[0.8+0.53+3.6+0.53+1.8+预留长度(0.8+0.8)+(0.6+0.6)]×(1+2.5%)=10.06×1.025≈10.31	连接至 F2 配线架,实际调整 10%,工程量 11.07
	首层平面部分工程量计算				
22	弱电桥架 200×100	m	30.93	2.862+26.500+(0.8+0.8)≈30.93	
23	配管 PC20-SCE	m	17.67	(3.600+0.755+3.785+0.770+3.781+4.977)≈17.67	从左至右 2T 沿顶敷设
24	配管 PC20-WC/FC	m	27.2	(3.6-0.6-0.3)×6+[(0.3+0.1)+4.200+(0.3+0.1)]×2+[(0.3+0.1)+墙厚 0.2+(0.3+0.1)]=27.2	2T 沿墙/沿地板敷设,配管距离地板 0.1m
25	配管 PC32-SCE	m	12.76	4.480×2+3.80=27.20=12.76	4T 沿吊顶敷设
26	配管 PC32-WC	m	8.1	(3.6-0.6-0.3)×3=8.1	4T 沿墙敷设
27	双绞线缆 CAT6.0/4UTP-CT	m	196.528	(2.923+0.8+0.8)×12+连接⑦轴插座 14.200×2+⑦⑧轴之间插座 10.778×2+⑧轴插座 7.297×2+⑨轴左侧 0.117×4+⑨轴右侧 1.102×4+⑩轴左侧 7.000×4+⑩轴右侧 8.429×2+⑪轴 11.087×2×2=196.528	
28	双绞线缆 CAT6.0/4UTP-PC	m	157.98	17.67×2+27.20×2+8.96×4+8.1×4=157.98	
29	信息插座(数据语音)TPO	个	12	12	
30	双绞线缆测试	链路	24	24	
31	光纤测试	链路	6	6	
32	布放尾纤	根	6	6	
33	跳线	条	12	插座个数	RJ54 跳线
34	跳块	个	24	12×2=24	

3. 工程量清单与计价

根据《通用安装工程工程量计算规范》(GB 50856—2013)及《四川省建设工程工程量清单计价定额——通用安装工程》(2015),制定综合布线工程量清单与定额的对应关系,见表 8.6。

表 8.6 综合布线工程量清单与定额的对应关系

序号	项目编码	项目名称	项目特征描述	计量单位	工程量
1	030413005001	手孔砌筑	1. 名称:室外手孔井 2. 规格:小手孔 3. 类型:砖砌	个	1
	CD2242	砖砌配线手孔、小手孔		个	1
2	030502001001	总配线柜	1. 名称:总配线柜(综合布线) 2. 材质、规格:2200mm×800mm×800mm 3. 安装方式:落地安装 4. 语音 122 个点位,数据 171 个点位	台	1
	CE0132	落地式机柜、机架		个	1
3	030502001002	分配线柜	1. 名称:分配线柜(综合布线) 2. 材质、规格:1200mm×600mm×600mm 3. 安装方式:落地安装	台	2

续表

序号	项目编码	项目名称	项目特征描述	计量单位	工程量
	CE0132	落地式机柜、机架		个	2
4	030502010001	配线架 96 口	1. 名称：FD 配线架 2. 规格：96 口	个	3
	CE0197	配线架安装打接 96 口		个	3
5	030502010001	配线架 48 口	1. 名称：FD 配线架 2. 规格：48 口	个	1
	CE0196	配线架安装打接 48 口		个	1
6	030501008001	集线器 Hub	1. 名称：Hub 2. 类别：网络集线器	台	3
	CE0084	普通型集线器		台	3
7	031101055001	光电转换器 ST	1. 规格：详见设计说明 2. 型号：ST	个	3
	CE0091	收发器		台	3
8	030502013001	光纤盒	1. 名称：光纤连接盘 2. 类别、规格：LIU 3. 安装方式：综合配线柜安装	块	3
	CE0207	光纤连接盘		块	3
9	030409010001	浪涌保护器	1. 名称：SPD 2. 规格：详见设计说明 3. 安装形式：详见设计说明	个	1
	CD1298	浪涌保护器		套	1
10	030409008001	等电位端子箱 LEB	1. 名称：LEB 2. 材质：详见设计说明 3. 规格：详见设计说明	台	1
	CD1294	等电位联结端子箱、断接卡箱安装		台	1
11	030411001001	配管 SC40	1. 名称：焊接钢管 2. 材质：镀锌钢管 3. 规格：SC40 4. 配置形式：砖、混凝土结构暗配 5. 接地要求：满足设计规范要求	m	10.04
	CD1480	钢管敷设，砖、混凝土结构暗配，钢管公称直径≤40mm		100m	0.1004
12	030411001002	配管 SC80	1. 名称：焊接钢管 2. 材质：镀锌钢管 3. 规格：SC80 4. 配置形式：砖、混凝土结构暗配 5. 接地要求：满足设计规范要求	m	10.04
	CD1483	钢管敷设，砖、混凝土结构暗配，钢管公称直径≤80mm		100m	0.1004
13	030411003001	桥架 300×100	1. 名称：弱电桥架 2. 型号：详见设计说明 3. 规格：300mm×100mm 4. 材质：钢制 5. 类型：槽式	m	16.19
	CD1679	钢制槽式桥架（宽+高）≤400mm		10m	1.619

续表

序号	项目编码	项目名称	项目特征描述	计量单位	工程量
14	030502007001	光缆 6 芯单模	1. 名称：单模光缆 2. 规格：6 芯 3. 敷设方式：钢管内敷设	m	19.44
	CE0179	管、暗槽内穿放光缆≤12 芯		100m	0.1944
15	031103009001	电缆 HYV-150（2×0.5）	1. 规格、型号：HYV-150（2×0.5） 2. 敷设部位：FC/WS 3. 敷设方式：SC80 配管敷设	m	19.44
	CE0145	双绞线缆，管、暗槽内穿放多芯电缆≤200 对		100m	0.1944
16	030502007006	光缆 4 芯多模	1. 名称：多模光缆 2. 规格：4 芯 3. 敷设方式：桥架内敷设	m	13.69
	CE0182	线槽、桥架、支架、活动地板内明布光缆≤12 芯		100m	0.1369
17	030502007007	光缆 2 芯多模	1. 名称：多模光缆 2. 规格：2 芯 3. 敷设方式：桥架内敷设	m	10.31
	CE0182	线槽、桥架、支架、活动地板内明布光缆≤12 芯		100m	0.1031
18	030502006001	大对数电缆 HYA-50×2×0.5	1. 名称：大对数非屏蔽电缆，4 芯多模 2. 材质、规格：HYA-50×2×0.5 3. 线缆对数：50 对 4. 敷设方式：桥架内敷设	m	13.69
	CE0171	大对数非屏蔽电缆，线槽、桥架、支架、活动地板内明布放测试≤50 对		100m	0.1369
19	030502006002	大对数电缆 HYA-30×2×0.5	1. 名称：大对数非屏蔽电缆，2 芯多模 2. 材质、规格：HYA-30×2×0.5 3. 线缆对数：30 对 4. 敷设方式：桥架内敷设	m	10.31
	CE0171	大对数非屏蔽电缆，线槽、桥架、支架、活动地板内明布放测试≤50 对		100m	0.1031
20	030411003002	桥架 200×100	1. 名称：弱电桥架 2. 型号：详见设计说明 3. 规格：200mm×100mm 4. 材质：钢制 5. 类型：槽式	m	30.93
	CD1679	钢制槽式桥架（宽+高）≤400mm		10m	3.093
21	030411001003	配管 PC20-SCE	1. 名称：弱电线路配管 2. 材质：刚性阻燃塑料管 3. 规格：DN20 4. 配置形式：砖、混凝土结构暗配 5. 连接方式：粘接 6. 部位：沿吊顶敷设	m	17.67
	CD1599	刚性阻燃塑料管敷设，顶棚内敷设，刚性阻燃塑料管，公称直径≤20mm		100m	0.1767

序号	项目编码	项目名称	项目特征描述	计量单位	工程量
22	030411001004	配管 PC20-WC/FC	1. 名称：弱电线路配管 2. 材质：刚性阻燃塑料管 3. 规格：DN20 4. 配置形式：砖、混凝土结构暗配 5. 连接方式：粘接 6. 部位：沿墙敷设	m	27.2
	CD1592	刚性阻燃塑料管敷设，砖、混凝土结构暗配，刚性阻燃塑料管，公称直径≤20mm		100m	0.272
23	030411001005	配管 PC32-SCE	1. 名称：弱电线路配管 2. 材质：刚性阻燃塑料管 3. 规格：DN32 4. 配置形式：砖、混凝土结构暗配 5. 连接方式：粘接 6. 部位：沿吊顶敷设	m	12.76
	CD1601	刚性阻燃塑料管敷设，顶棚内敷设，刚性阻燃塑料管，公称直径≤32mm		100m	0.1276
24	030411001006	配管 PC32-WC	1. 名称：弱电线路配管 2. 材质：刚性阻燃塑料管 3. 规格：DN32 4. 配置形式：砖、混凝土结构暗配 5. 连接方式：粘接 6. 部位：沿墙敷设	m	8.1
	CD1594	刚性阻燃塑料管敷设，砖、混凝土结构暗配，刚性阻燃塑料管，公称直径≤32mm		100m	0.081
25	030502005001	双绞线缆 CAT6.0/4UTP-CT	1. 名称：4 对非屏蔽六类网线 2. 材质、规格：CAT6/4UTP 3. 线缆对数：4 对 4. 敷设方式：桥架内敷设	m	196.528
	CE0147	双绞线缆，线槽、脚架、支架、活动地板内明布多芯电缆≤10 对		100m	1.96528
26	030502005002	双绞线缆 CAT6.0/4UTP-PC	1. 名称：4 对非屏蔽六类网线 2. 材质、规格：CAT6.0/4UTP 3. 线缆对数：4 对 4. 敷设方式：配管内敷设	m	157.98
	CE0140	双绞线缆，管、暗槽内穿放多芯电缆≤10 对		100m	1.5798
27	030502012001	信息插座	1. 名称：双孔信息插座 2. 类别：数据、语音 3. 规格：86 型 4. 安装方式：暗装 5. 底盒材质、规格：86 型塑料暗装底盒	个	12
	CE0203	安装双口非屏蔽 8 位模块式信息插座		10 个	1.2
	CD1915	暗装开关盒		10 个	1.2
28	030502019001	双绞线缆测试	测试类别：六类双绞线缆测试	链路	24
	CE0225	六类双绞线缆测试		链路	24
29	030502020001	光纤测试	测试类别：光纤链路测试	链路	6
	CE0226	光纤链路测试		链路	6

续表

序号	项目编码	项目名称	项目特征描述	计量单位	工程量
30	030502016001	布放尾纤	1. 名称：布放尾纤 2. 规格：详见设计说明 3. 安装方式：暗装	根	6
	CE0221	光纤配线架至设备的尾纤		根	6
31	030502009001	跳线	1. 名称：跳线 2. 类别：光纤跳线	条	12
	CE0193	光纤配线架架内跳线		根	12
32	030502018001	跳块	1. 名称：跳块 2. 规格：详见设计说明 3. 安装方式：详见设计说明	个	24
	CE0223	信息插座跳块打接		个	24

4. 招标控制价

工程项目招标控制价封面如图 8.5 所示。

某中医院综合布线系统　　　　　工程

招标控制价

招　标　人：　　××建设单位

（单位盖章）

造价咨询人：　　　李××

（单位盖章）

图 8.5　工程项目招标控制价封面

工程项目招标控制价扉页如图 8.6 所示。

<u>某中医院综合布线系统</u>   工程

招标控制价

招标控制价（小写）：_____ 31669.54 元 _____

（大写）：_____ 叁万壹仟陆佰陆拾玖元伍角肆分 _____

招　标　人：<u>××建设单位</u>　　　　造价咨询人：<u>李××</u>

　　　　　　（单位盖章）　　　　　　　　　　　（单位资质专用章）

法定代表人　　　　　　　　　　法定代表人
或其授权人：<u>张××</u>　　　　或其授权人：<u>李××</u>

　　　　　　（签字或盖章）　　　　　　　　　　（签字或盖章）

编　制　人：<u>陈××</u>　　　　复　核　人：<u>杨××</u>

　　（造价人员签字盖专用章）　　　　　（造价工程师签字盖专用章）

编制时间：2018.8　　　　　　　复核时间：2018.9

图 8.6　工程项目招标控制价扉页

5. 工程项目计价总说明

工程项目计价总说明见表 8.7。

表 8.7　工程项目计价总说明

工程名称：某中医院综合布线系统工程

1. 工程概况

建设规模：本工程为四层框架结构，无地下室，建筑面积 2669.73m^2。

工程特征：该建筑为中医医院门诊、急诊、病人住院的场所。

施工现场及变化情况：施工现场按照要求完成三通一平。

自然地理条件：本工程位于四川省成都市，土壤类别为三类土。

环境保护要求：符合国家关于环境保护方面所实施的规定

2. 工程招标和分包范围

施工图样包括的施工范围，综合布线分部分项，本工程无分包

3. 工程量清单编制依据

1）建设单位提供的由四川省建筑科学研究院设计的某中医医院门诊综合楼工程设计图样；

2）《房屋建筑与装饰工程工程量计算规范》（GB 50854—2013）；

3）《通用安装工程工程量计算规范》（GB 50856—2013）；

4）《四川省建设工程工程量清单计价定额》（2015）及相关配套文件；

5）安全文明施工基本费费率标准（一般计税法）按《四川省住房和城乡建设厅关于印发〈四川省建设工程安全文明施工费计价管理办法〉的通知》（川建发〔2017〕5 号）执行，招标控制价的安全文明施工费作为不可竞争费用，费率按双倍计取

6）规费按《四川省建设工程造价管理总站关于印发〈四川省施工企业工程规费计取标准核定实施办法〉的通知》（川建价发〔2014〕34号），费用计算的费率上限计取；

7）销项增值税依据文件《四川省住房和城乡建设厅关于印发〈建筑业营业税改征增值税四川省建设工程计价依据调整办法〉调整的通知》（川建造价发〔2018〕392号）按10%计取；

8）本工程计取冬、雨期施工费（工期在冬、雨期）及二次搬运费（施工场地狭小），夜间施工费（工期紧迫）依据《四川省住房和城乡建设厅关于印发〈建筑业营业税改征增值税四川省建设工程计价依据调整办法〉调整的通知》（川建造价发〔2018〕392号）计取；

9）工程的主要材料价格根据四川省工程造价信息网《工程造价信息》对于成都市材料价格2018年1月一期进行调整；

10）人工费调整根据文件《关于对成都市等16个市、州2015年〈四川省建设工程工程量清单计价定额〉人工费调整的批复》（川建价发〔2018〕8号）幅度执行，本工程位于成都市市区，安装工程按39%调整；

11）本清单应结合施工图样一起使用，分部分项工程量清单中对工程项目的特征只做重点描述，若清单特征描述中不详尽的内容，以施工图设计、技术说明、技术措施表及相应标准、通用图为准，投标人应综合考虑进综合单价中，结算时不予调整

4. 工程质量、材料、施工等的特殊要求

1）质量满足规范要求；

2）材料满足工程建设三方单位及工艺要求；

3）按照国家现行质量验收规范执行

5. 其他需说明的问题

1）本工程暂列金额按分部分项工程及措施项目合价的15%的考虑，无甲供材料；

2）本工程为招标控制价编制实例，仅包含部分工程量，重在学习招标控制价编制过程及费率计取等问题

6. 建设项目招标控制价汇总表

建设项目招标控制价汇总表见表8.8。

表8.8　建设项目招标控制价汇总表

工程名称：某中医院综合布线系统工程

序号	单项工程名称	金额/元	其中		
			暂估价/元	安全文明施工费/元	规费/元
1	某中医院门诊部综合布线工程	31669.54	0	756.21	731.81
	合计	31669.54	0	756.21	731.81

7. 单项工程招标控制价汇总表

单项工程招标控制价汇总表见表8.9。

表8.9　单项工程招标控制价汇总表

工程名称：某中医院综合布线系统工程

序号	单位工程名称	金额/元	其中		
			暂估价/元	安全文明施工费/元	规费/元
1	综合布线工程	31669.54	0	756.21	731.81
	合计	31669.54	0	756.21	731.81

8. 单位工程招标控制价汇总表

单位工程招标控制价汇总表见表8.10。

表 8.10　单位工程招标控制价汇总表

工程名称：某中医院综合布线系统工程　　　　　　　　　　　　　　　　　　　　标段：

序号	汇总内容	金额/元	其中：暂估价/元
1	分部分项及单价措施项目	23550.60	
2	总价措施项目	847.93	—
2.1	其中：安全文明施工费	756.21	—
3	其他项目	3660.15	—
3.1	其中：暂列金额	3660.15	—
3.2	其中：专业工程暂估价		—
3.3	其中：计日工		—
3.4	其中：总承包服务费		—
4	规费	731.81	—
5	创优质工程奖补偿奖励费		
6	税前工程造价	28790.49	
6.1	其中：甲供材料（设备）费		—
7	销项增值税额	2879.05	—
	招标控制价/投标报价总价合计=税前工程造价+销项增值税额	31669.54	

9. 分部分项工程量清单与计价表

分部分项工程量清单与计价表见表 8.11。

表 8.11　分部分项工程量清单与计价表

工程名称：某中医院综合布线系统工程　　　　　　　　　　　　　　　　　　　　标段：

序号	项目编码	项目名称	项目特征描述	计量单位	工程量	综合单价	合价	其中 暂估价
1	030413005001	手孔砌筑	1. 名称：室外手孔井 2. 规格：小手孔 3. 类型：砖砌	个	1	1225.54	1225.54	
2	030502001001	总配线柜	1. 名称：总配线柜（综合布线） 2. 材质、规格：详见设计说明 3. 安装方式：落地安装 4. 语音 122 个点位，数据 171 个点位	台	1	2003.51	2003.51	
3	030502001002	分配线柜	1. 名称：分配线柜（综合布线） 2. 材质、规格：1200mm×600mm×600mm 3. 安装方式：落地安装	台	2	1403.51	2807.02	
4	030502010001	配线架 96 口	1. 名称：FD 配线架 2. 规格：96 口	个	3	739.49	2218.47	
5	030502010002	配线架 48 口	1. 名称：FD 配线架 2. 规格：48 口	个	1	377.27	377.27	
6	030501008001	集线器 Hub	1. 名称：Hub 2. 类别：网络集线器	台	3	32.12	96.36	

续表

序号	项目编码	项目名称	项目特征描述	计量单位	工程量	金额/元		其中
						综合单价	合价	暂估价
7	031101055001	光电转换器ST	1. 规格：详见设计说明 2. 型号：ST	个	3	323.05	969.15	
8	030502013001	光纤盒LIU	1. 名称：光纤连接盘 2. 型号、规格：LIU 3. 安装方式：综合配线柜安装	块	3	251.17	753.51	
9	030409010001	浪涌保护器	1. 名称：SPD 2. 规格：详见设计说明 3. 安装形式：详见设计说明	个	1	95.99	95.99	
10	030409008001	等电位端子箱LEB	1. 名称：LEB 2. 材质：详见设计说明 3. 规格：详见设计说明	台	1	247.93	247.93	
11	030411001001	配管SC40	1. 名称：焊接钢管 2. 材质：镀锌钢管 3. 规格：SC40 4. 配置形式：砖、混凝土结构暗配 5. 接地要求：满足设计规范要求	m	10.04	36.91	370.58	
12	030411001002	配管SC80	1. 名称：焊接钢管 2. 材质：镀锌钢管 3. 规格：SC80 4. 配置形式：砖、混凝土结构暗配 5. 接地要求：满足设计规范要求	m	10.04	78.76	790.75	
13	030411003001	桥架300×100	1. 名称：弱电桥架 2. 型号：详见设计说明 3. 规格：300mm×100mm 4. 材质：钢制 5. 类型：槽式	m	16.19	110.65	1791.42	
14	030502007001	光缆6芯单模	1. 名称：单模光缆 2. 规格：4芯 3. 敷设方式：钢管内敷设	m	19.44	2.99	58.13	
15	031103009001	电缆HYV-150（2×0.5）	1. 规格、型号：HYV-150（2×0.5） 2. 敷设部位：FC/WS 3. 敷设方式：SC80配管敷设	m	19.44	8.08	157.08	
16	030502007006	光缆4芯多模	1. 名称：多模光缆 2. 规格：4芯 3. 敷设方式：桥架内敷设	m	13.69	3.60	49.28	
17	030502007007	光缆2芯多模	1. 名称：多模光缆 2. 规格：2芯 3. 敷设方式：桥架内敷设	m	10.31	3.60	37.12	
18	030502006001	大对数电缆HYA-50×2×0.5	1. 名称：大对数非屏蔽电缆，4芯多模 2. 材质、规格：HYA-50×2×0.5 3. 线缆对数：50对 4. 敷设方式：桥架内敷设	m	13.69	17.89	244.91	

序号	项目编码	项目名称	项目特征描述	计量单位	工程量	综合单价	合价	其中 暂估价
19	030502006002	大对数电缆 HYA-30×2×0.5	1. 名称：大对数非屏蔽电缆，2芯多模 2. 材质、规格：HYA-30×2×0.5 3. 线缆对数：30 对 4. 敷设方式：桥架内敷设	m	10.31	11.84	122.07	
20	030411003002	桥架 200×100	1. 名称：弱电桥架 2. 型号：详见设计说明 3. 规格：200mm×100mm 4. 材质：钢制 5. 类型：槽式	m	30.93	110.65	3422.40	
21	030411001003	配管 PC20-SCE	1. 名称：弱电线路配管 2. 材质：刚性阻燃塑料管 3. 规格：DN20 4. 配置形式：砖、混凝土结构暗配 5. 连接方式：粘接 6. 部位：沿吊顶敷设	m	17.67	12.99	229.53	
22	030411001004	配管 PC20-WC/FC	1. 名称：弱电线路配管 2. 材质：刚性阻燃塑料管 3. 规格：DN20 4. 配置形式：砖、混凝土结构暗配 5. 连接方式：粘接 6. 部位：沿墙敷设	m	27.2	10.49	285.33	
23	030411001005	配管 PC32-SCE	1. 名称：弱电线路配管 2. 材质：刚性阻燃塑料管 3. 规格：DN32 4. 配置形式：砖、混凝土结构暗配 5. 连接方式：粘接 6. 部位：沿吊顶敷设	m	12.76	14.92	190.38	
24	030411001006	配管 PC32-WC	1. 名称：弱电线路配管 2. 材质：刚性阻燃塑料管 3. 规格：DN32 4. 配置形式：砖、混凝土结构暗配 5. 连接方式：粘接 6. 部位：沿墙敷设	m	8.1	13.56	109.84	
25	030502005001	双绞线缆 CAT6.0/4UTP-CT	1. 名称：4 对非屏蔽六类网线 2. 材质、规格：CAT6.0/4UTP 3. 线缆对数：4 对 4. 敷设方式：桥架内敷设	m	196.528	3.91	768.42	
26	030502005002	双绞线缆 CAT6.0/4UTP-PC	1. 名称：4 对非屏蔽六类网线 2. 材质、规格：CAT6.0/4UTP 3. 线缆对数：4 对 4. 敷设方式：配管内敷设	m	157.98	3.75	592.43	

续表

序号	项目编码	项目名称	项目特征描述	计量单位	工程量	金额/元		其中
						综合单价	合价	暂估价
27	030502012001	信息插座	1. 名称：双孔信息插座 2. 类别：数据、语音 3. 规格：86型 4. 安装方式：暗装 5. 底盒材质、规格：86型塑料暗装底盒	个	12	74.00	888.00	
28	030502019001	双绞线缆测试	测试类别：六类双绞线缆测试	链路	24	74.48	1787.52	
29	030502020001	光纤测试	测试类别：光纤链路测试	链路	6	48.26	289.56	
30	030502016001	布放尾纤	1. 名称：布放尾纤 2. 规格：详见设计说明 3. 安装方式：暗装	根	6	30.99	185.94	
31	030502009001	跳线	1. 名称：跳线 2. 类别：光纤跳线	条	12	20.07	240.84	
32	030502018001	跳块	1. 名称：跳块 2. 规格：详见设计说明 3. 安装方式：详见设计说明	个	24	0.97	23.28	
			单价措施项目					
			专业措施项目					
33	031301017001	脚手架搭拆		项	1	121.04	121.04	
			分部小计				121.04	
			合计				23550.60	

10. 综合单价分析（部分表格）

综合单价分析表见表8.12。

表8.12 综合单价分析表

工程名称：某中医院综合布线系统工程　　　　　　　　　　　　　　　　　　　　　　　第1页 共20页

| 项目编码 | 030413005001 | | | 项目名称 | 手孔砌筑 | | 计量单位 | 个 | 工程量 | 1 |

| | | | | 清单综合单价组成明细 | | | | | | | |

定额编号	定额项目名称	定额单位	数量	单价/元				合价/元			
				人工费	材料费	机械费	管理费和利润	人工费	材料费	机械费	管理费和利润
CD2242	砖砌配线手孔，小手孔	个	1	166.95	89.20		30.09	166.95	89.20		30.09
人工单价		小计						166.95	89.20		30.09
85元/工日		未计价材料费							939.30		
清单项目综合单价									1225.54		

续表

材料费明细	主要材料名称、规格、型号	单位	数量	单价/元	合价/元	暂估单价/元	暂估合价/元
	手孔口圈	套	1.01	930.00	939.30		
	其他材料费			—	89.20	—	
	材料费小计			—	1028.50	—	

工程名称：某中医院综合布线系统工程　　　　　　　　　　　　　　　　　　　　第2页　共20页

项目编码	030502001001	项目名称		总配线柜	计量单位	台	工程量	1

清单综合单价组成明细

定额编号	定额项目名称	定额单位	数量	单价/元				合价/元			
				人工费	材料费	机械费	管理费和利润	人工费	材料费	机械费	管理费和利润
CE0132	落地式机柜、机架	个	1	172.18	5.02		26.31	172.18	5.02	—	26.31
人工单价		小计						172.18	5.02	—	26.31
85 元/工日		未计价材料费						1800.00			
清单项目综合单价								2003.51			

材料费明细	主要材料名称、规格、型号	单位	数量	单价/元	合价/元	暂估单价/元	暂估合价/元
	落地配线柜 2200mm×800mm×800mm	台	1	1800.00	1800.00		
	其他材料费			—	5.02	—	
	材料费小计			—	1805.02	—	

工程名称：某中医院综合布线系统工程　　　　　　　　　　　　　　　　　　　　第3页　共20页

项目编码	030502010001	项目名称		配线架 96 口	计量单位	个	工程量	3

清单综合单价组成明细

定额编号	定额项目名称	定额单位	数量	单价/元				合价/元			
				人工费	材料费	机械费	管理费和利润	人工费	材料费	机械费	管理费和利润
CE0197	配线架安装打接 96 口	个	1	595.99	1.80	41.48	100.22	595.99	1.80	41.48	100.22
人工单价		小计						595.99	1.80	41.48	100.22
85 元/工日		未计价材料费									
清单项目综合单价								739.49			

材料费明细	主要材料名称、规格、型号	单位	数量	单价/元	合价/元	暂估单价/元	暂估合价/元
	其他材料费			—	1.80	—	
	材料费小计			—	1.80	—	

工程名称：某中医院综合布线系统工程　　　　　　　　　　　　　　　　　　第4页　共20页

项目编码	030501008001	项目名称	集线器 Hub	计量单位	台	工程量	3

清单综合单价组成明细

定额编号	定额项目名称	定额单位	数量	单价				合价			
				人工费	材料费	机械费	管理费和利润	人工费	材料费	机械费	管理费和利润
CE0084	普通型集线器	台	1	26.49	1.37	0.18	4.08	26.49	1.37	0.18	4.08
人工单价		小计						26.49	1.37	0.18	4.08
85元/工日		未计价材料费									
清单项目综合单价								32.12			

材料费明细	主要材料名称、规格、型号		单位	数量	单价/元	合价/元	暂估单价/元	暂估合价/元
	其他材料费				—	1.37	—	
	材料费小计				—	1.37	—	

工程名称：某中医院综合布线系统工程　　　　　　　　　　　　　　　　　　第5页　共20页

项目编码	031101055001	项目名称	光电转换器 ST	计量单位	个	工程量	3

清单综合单价组成明细

定额编号	定额项目名称	定额单位	数量	单价/元				合价/元			
				人工费	材料费	机械费	管理费和利润	人工费	材料费	机械费	管理费和利润
CE0091	收发器	台	1	52.98	5.98	209.72	54.37	52.98	5.98	209.72	54.37
人工单价		小计						52.98	5.98	209.72	54.37
85元/工日		未计价材料费									
清单项目综合单价								323.05			

材料费明细	主要材料名称、规格、型号		单位	数量	单价/元	合价/元	暂估单价/元	暂估合价/元
	其他材料费				—	5.98	—	
	材料费小计				—	5.98	—	

工程名称：某中医院综合布线系统工程　　　　　　　　　　　　　　　　　　第6页　共20页

项目编码	030502013001	项目名称	光纤盒 LIU	计量单位	块	工程量	3

清单综合单价组成明细

定额编号	定额项目名称	定额单位	数量	单价/元				合价/元			
				人工费	材料费	机械费	管理费和利润	人工费	材料费	机械费	管理费和利润
CE0207	光纤连接盘	块	1	33.11	—	—	5.06	33.11	—	—	5.06
人工单价		小计						33.11	—	—	5.06
85元/工日		未计价材料费						213.00			
清单项目综合单价								251.17			

材料费明细	主要材料名称、规格、型号	单位	数量	单价/元	合价/元	暂估单价/元	暂估合价/元
	光纤连接盘	块	1.01	210.89	213.00		
	其他材料费			—		—	
	材料费小计			—	213.00	—	

工程名称：某中医院综合布线系统工程　　　　　　　　　　　　　　　第 7 页　共 20 页

项目编码	030409010001	项目名称	浪涌保护器	计量单位	个	工程量	1

清单综合单价组成明细

定额编号	定额项目名称	定额单位	数量	单价/元				合价/元			
				人工费	材料费	机械费	管理费和利润	人工费	材料费	机械费	管理费和利润
CD1298	浪涌保护器	套	1	79.50	2.16	—	14.33	79.50	2.16	—	14.33
人工单价		小计						79.50	2.16	—	14.33
85 元/工日		未计价材料费									
清单项目综合单价								95.99			

材料费明细	主要材料名称、规格、型号	单位	数量	单价/元	合价/元	暂估单价/元	暂估合价/元
	其他材料费			—	2.16	—	
	材料费小计			—	2.16	—	

工程名称：某中医院综合布线系统工程　　　　　　　　　　　　　　　第 8 页　共 20 页

项目编码	030409008001	项目名称	等电位端子箱 LEB	计量单位	台	工程量	1

清单综合单价组成明细

定额编号	定额项目名称	定额单位	数量	单价/元				合价/元			
				人工费	材料费	机械费	管理费和利润	人工费	材料费	机械费	管理费和利润
CD1294	等电位联结端子箱、断接卡箱安装	台	1	69.48	6.60	3.43	13.42	69.48	6.60	3.43	13.42
人工单价		小计						69.48	6.60	3.43	13.42
85 元/工日		未计价材料费						155.00			
清单项目综合单价								247.93			

材料费明细	主要材料名称、规格、型号	单位	数量	单价/元	合价/元	暂估单价/元	暂估合价/元
	接地箱	台	1	155.00	155.00		
	其他材料费			—	6.60		
	材料费小计			—	161.60	—	

项目编码	030411001001	项目名称		配管 SC40	计量单位	m	工程量	10.04

清单综合单价组成明细

定额编号	定额项目名称	定额单位	数量	单价/元				合价/元			
				人工费	材料费	机械费	管理费和利润	人工费	材料费	机械费	管理费和利润
CD1480	钢管敷设，砖、混凝土结构暗配，钢管公称直径≤40mm	100m	0.01	1185.38	238.03	51.95	227.16	11.85	2.38	0.52	2.27
人工单价			小计					11.85	2.38	0.52	2.27
85元/工日			未计价材料费					19.88			
清单项目综合单价								36.91			

材料费明细	主要材料名称、规格、型号			单位	数量	单价/元	合价/元	暂估单价/元	暂估合价/元
	镀锌钢管 DN40			m	1.026	19.38	19.88		
	其他材料费					—	2.38	—	
	材料费小计					—	22.26	—	

项目编码	030411003001	项目名称		桥架 300×100	计量单位	m	工程量	16.19

清单综合单价组成明细

定额编号	定额项目名称	定额单位	数量	单价/元				合价/元			
				人工费	材料费	机械费	管理费和利润	人工费	材料费	机械费	管理费和利润
CD1679	钢制槽式桥架（宽+高）≤400mm	10m	0.1	254.41	30.72	8.04	47.94	25.44	3.07	0.80	4.79
人工单价			小计					25.44	3.07	0.80	4.79
85元/工日			未计价材料费					76.54			
清单项目综合单价								110.65			

材料费明细	主要材料名称、规格、型号			单位	数量	单价/元	合价/元	暂估单价/元	暂估合价/元
	桥架			m	1.005	60.26	60.56		
	盖板			m	1.005	15.90	15.98		
	其他材料费					—	3.07	—	
	材料费小计					—	79.61	—	

工程名称：某中医院综合布线系统工程　　　　　　　　　　　　　　　　　　　　　第 11 页　共 20 页

项目编码	030502007001	项目名称	光缆 6 芯单模	计量单位	m	工程量	19.44

清单综合单价组成明细

定额编号	定额项目名称	定额单位	数量	单价/元				合价/元			
				人工费	材料费	机械费	管理费和利润	人工费	材料费	机械费	管理费和利润
CE0179	管、暗槽内穿放光缆≤12 芯	100m	0.01	112.57	2.25	3.36	17.94	1.13	0.02	0.03	0.18
人工单价		小计						1.13	0.02	0.03	0.18
85 元/工日		未计价材料费						1.63			
清单项目综合单价								2.99			

材料费明细	主要材料名称、规格、型号	单位	数量	单价/元	合价/元	暂估单价/元	暂估合价/元
	光缆	m	1.018	1.60	1.63		
	其他材料费			—	0.02	—	
	材料费小计			—	1.65	—	

工程名称：某中医院综合布线系统工程　　　　　　　　　　　　　　　　　　　　　第 12 页　共 20 页

项目编码	031103009001	项目名称	电缆 HYV-150（2×0.5）	计量单位	m	工程量	19.44

清单综合单价组成明细

定额编号	定额项目名称	定额单位	数量	单价/元				合价/元			
				人工费	材料费	机械费	管理费和利润	人工费	材料费	机械费	管理费和利润
CE0145	双绞线缆，管、暗槽内穿放多芯电缆≤200 对	100m	0.01	331.11	49.21	8.40	52.45	3.31	0.49	0.08	0.52
人工单价		小计						3.31	0.49	0.08	0.52
85 元/工日		未计价材料费						3.66			
清单项目综合单价								8.08			

材料费明细	主要材料名称、规格、型号	单位	数量	单价/元	合价/元	暂估单价/元	暂估合价/元
	电缆 HYV-150（2×0.5）	m	1.018	3.60	3.66		
	其他材料费			—	0.50	—	
	材料费小计			—	4.16	—	

项目编码	030502006001	项目名称	大对数电缆HYA-50×2×0.5	计量单位	m	工程量	13.69

清单综合单价组成明细

定额编号	定额项目名称	定额单位	数量	单价/元				合价/元			
				人工费	材料费	机械费	管理费和利润	人工费	材料费	机械费	管理费和利润
CE0171	大对数非屏蔽电缆，线槽、桥架、支架、活动地板内明布放测试≤50对	100m	0.01	47.44	—	—	9.25	0.47	—	—	0.09
人工单价			小计					0.47	—	—	0.09
85元/工日			未计价材料费					17.33			
			清单项目综合单价					17.89			

材料费明细	主要材料名称、规格、型号	单位	数量	单价/元	合价/元	暂估单价/元	暂估合价/元
	对绞电缆HYA-50×2×0.5	m	1.025	16.91	17.33		
	其他材料费			—	—		
	材料费小计			—	17.33	—	

项目编码	030411001003	项目名称	配管PC20-SCE	计量单位	m	工程量	17.67

清单综合单价组成明细

定额编号	定额项目名称	定额单位	数量	单价/元				合价/元			
				人工费	材料费	机械费	管理费和利润	人工费	材料费	机械费	管理费和利润
CD1599	刚性阻燃塑料管敷设顶棚内敷设，刚性阻燃塑料管，公称直径≤20mm	100m	0.01	785.48	153.77	35.39	150.77	7.85	1.54	0.35	1.51
人工单价			小计					7.85	1.54	0.35	1.51
85元/工日			未计价材料费					1.74			
			清单项目综合单价					12.99			

材料费明细	主要材料名称、规格、型号	单位	数量	单价/元	合价/元	暂估单价/元	暂估合价/元
	刚性阻燃塑料管DN20	m	1.102	1.58	1.74		
	其他材料费			—	1.54	—	
	材料费小计			—	3.28	—	

项目编码	030502012001		项目名称		信息插座	计量单位	个	工程量	12

清单综合单价组成明细

定额编号	定额项目名称	定额单位	数量	单价/元				合价/元			
				人工费	材料费	机械费	管理费和利润	人工费	材料费	机械费	管理费和利润
CE0203	安装双口非屏蔽8位模块式信息插座	10 个	0.1	36.15	—	—	5.52	3.62	—	—	0.55
CD1915	暗装开关盒	10 个	0.1	38.16	5.73		6.88	3.82	0.57		0.69
人工单价		小计						7.44	0.57	—	1.24
85 元/工日		未计价材料费						64.76			
清单项目综合单价								74.00			

材料费明细	主要材料名称、规格、型号	单位	数量	单价/元	合价/元	暂估单价/元	暂估合价/元
	双口非屏蔽8位模块式信息插座	个	1.01	63.31	63.94		
	塑料暗装底盒 86 型	个	1.02	0.80	0.82		
	其他材料费			—	0.57		
	材料费小计			—	65.33		

项目编码	030502019001		项目名称	双绞线缆测试	计量单位	链路	工程量	24

清单综合单价组成明细

定额编号	定额项目名称	定额单位	数量	单价/元				合价/元			
				人工费	材料费	机械费	管理费和利润	人工费	材料费	机械费	管理费和利润
CE0225	六类双绞线缆测试	链路	1	11.93	—	49.75	12.80	11.93	—	49.75	12.80
人工单价		小计						11.93	—	49.75	12.80
85 元/工日		未计价材料费									
清单项目综合单价								74.48			

材料费明细	主要材料名称、规格、型号	单位	数量	单价/元	合价/元	暂估单价/元	暂估合价/元
	其他材料费				—		
	材料费小计				—		

项目编码	030502020001		项目名称	光纤测试	计量单位	链路	工程量	6

清单综合单价组成明细

定额编号	定额项目名称	定额单位	数量	单价/元				合价/元			
				人工费	材料费	机械费	管理费和利润	人工费	材料费	机械费	管理费和利润
CE0226	光纤链路测试	链路	1	9.93	—	30.16	8.17	9.93	—	30.16	8.17
人工单价		小计						9.93	—	30.16	8.17
85 元/工日		未计价材料费									
清单项目综合单价								48.26			

续表

材料费明细	主要材料名称、规格、型号	单位	数量	单价/元	合价/元	暂估单价/元	暂估合价/元
	其他材料费			—		—	
	材料费小计			—		—	

工程名称：某中医院综合布线系统工程　　　　　第18页　共20页

项目编码	030502016001	项目名称		布放尾纤	计量单位	根	工程量	6

清单综合单价组成明细

定额编号	定额项目名称	定额单位	数量	单价/元				合价/元			
				人工费	材料费	机械费	管理费和利润	人工费	材料费	机械费	管理费和利润
CE0221	光纤配线架至设备的尾纤	根	1	16.55		6.92	4.05	16.55		6.92	4.05
人工单价		小计						16.55		6.92	4.05
85元/工日		未计价材料费						3.47			
清单项目综合单价								30.99			

材料费明细	主要材料名称、规格、型号		单位	数量	单价/元	合价/元	暂估单价/元	暂估合价/元
	尾纤（10m双头）		根	1.02	3.40	3.47		
	其他材料费					—		—
	材料费小计				—	3.47		—

工程名称：某中医院综合布线系统工程　　　　　第19页　共20页

项目编码	030502009001	项目名称	跳线	计量单位	条	工程量	12

清单综合单价组成明细

定额编号	定额项目名称	定额单位	数量	单价/元				合价/元			
				人工费	材料费	机械费	管理费和利润	人工费	材料费	机械费	管理费和利润
CE0193	光纤配线架架内跳线	根	1	9.93		4.22	2.45	9.93		4.22	2.45
人工单价		小计						9.93		4.22	2.45
85元/工日		未计价材料费						3.47			
清单项目综合单价								20.07			

材料费明细	主要材料名称、规格、型号	单位	数量	单价/元	合价/元	暂估单价/元	暂估合价/元
	尾纤（10m双头）	根	1.02	3.40	3.47		
	其他材料费				—		—
	材料费小计				—	3.47	—

项目编码	030502018001	项目名称		跳块	计量单位	个	工程量	24

清单综合单价组成明细

定额编号	定额项目名称	定额单位	数量	单价/元				合价/元			
				人工费	材料费	机械费	管理费和利润	人工费	材料费	机械费	管理费和利润
CE0223	信息插座跳块打接	个	1	0.66		0.17	0.14	0.66		0.17	0.14
人工单价		小计						0.66		0.17	0.14
85 元/工日		未计价材料费									
清单项目综合单价								0.97			

材料费明细	主要材料名称、规格、型号	单位	数量	单价/元	合价/元	暂估单价/元	暂估合价/元
	其他材料费			—		—	
	材料费小计			—		—	

11. 总价措施项目清单计价表

总价措施项目清单计价表见表 8.13。

表 8.13　总价措施项目清单计价表

工程名称：某中医院综合布线系统工程

序号	项目编码	项目名称	计算基础	费率/%	金额/元	调整费率/%	调整后金额/元	备注
1	011707001001	安全文明施工费			756.21			
1.1	①	环境保护费	分部分项定额人工费+单价措施项目定额人工费	0.52	25.37			
1.2	②	文明施工费	分部分项定额人工费+单价措施项目定额人工费	2.74	133.68			
1.3	③	安全施工费	分部分项定额人工费+单价措施项目定额人工费	4.72	230.28			
1.4	④	临时设施费	分部分项定额人工费+单价措施项目定额人工费	7.52	366.88			
2	011707002001	夜间施工费	分部分项定额人工费+单价措施项目定额人工费	0.799	38.05			
3	031302005001	冬、雨期施工增加	分部分项定额人工费+单价措施项目定额人工费	0.599	28.30			
4	031302004001	二次搬运费	分部分项定额人工费+单价措施项目定额人工费	0.399	18.54			
5	011707008001	工程定位复测费	分部分项定额人工费+单价措施项目定额人工费	0.149	6.83			
合计					847.93			

注：安全文明施工费费率依据《四川省建设工程安全文明施工费计价管理办法》(川建发〔2017〕5 号)文件/《四川省住房和城乡建设厅关于印发〈建筑业营业税改征增值税四川省建设工程计价依据调整办法〉调整的通知》(川建造价发〔2018〕392 号)文件，见表 8.14。

表 8.14 安全文明施工基本费费率表（工程在市区时）

序号	项目名称	工程类型	取费基础	2015 清单计价定额费率/%	
				简易计税法	一般计税法
1	环境保护费基本费费率		分部分项工程量清单项目定额人工费+单价措施项目定额人工费	0.26	0.26
2	文明施工基本费费率	房屋建筑与装饰工程、仿古建筑工程、绿色建筑工程、装配式房屋建筑工程、构筑物工程		2.75	2.73
		单独装饰工程、单独通用安装工程		1.38	1.37
3	安全施工基本费费率	房屋建筑与装饰工程、仿古建筑工程、绿色建筑工程、装配式房屋建筑工程、构筑物工程		5.76	5.50
		单独装饰工程、单独通用安装工程		2.47	2.36
4	临时设施基本费费率	房屋建筑与装饰工程、仿古建筑工程、绿色建筑工程、装配式房屋建筑工程、构筑物工程		3.96	3.76
		单独装饰工程、单独通用安装工程		3.96	3.76

注：其他总价措施项目费依据《四川省住房和城乡建设厅关于印发〈建筑业营业税改征增值税四川省建设工程计价依据调整办法〉调整的通知》（川建造价发〔2018〕392 号）文件，见表 8.15。

表 8.15 调整后的其他总价措施项目费计取标准

序号	项目名称	计算基础	费率/%
1	夜间施工	分部分项清单定额人工费+单价措施项目清单定额人工费	0.799
2	二次搬运	分部分项清单定额人工费+单价措施项目清单定额人工费	0.399
3	冬、雨期施工	分部分项清单定额人工费+单价措施项目清单定额人工费	0.599
4	工程定位复测	分部分项清单定额人工费+单价措施项目清单定额人工费	0.149

12. 其他项目清单计价表

其他项目清单计价表和暂列金额明细表分别见表 8.16 和表 8.17。

表 8.16 其他项目清单与计价汇总表

工程名称：某中医院综合布线系统工程

序号	项目名称	金额/元	结算金额/元	备注
1	暂列金额	3660.15		分部分项与措施项目工程合计的 15%
2	暂估价			
2.1	材料（工程设备）暂估价/结算价			
2.2	专业工程暂估价/结算价			
3	计日工			
4	总承包服务费			
	合计	3660.15		

表 8.17　暂列金额明细表

工程名称：某中医院综合布线系统工程

序号	项目名称	计量单位	暂定金额/元	备注
1	暂列金额	项	3660.15	分部分项与措施项目工程合计的 15%
合计			3660.15	—

13. 规费、税金清单计价表

规费、税金清单计价表见表 8.18。

表 8.18　规费、税金项目计价表

工程名称：某中医院综合布线系统工程

序号	项目名称	计算基础	计算基数	计算费率/%	金额/元
1	规费	分部分项清单定额人工费+单价措施项目清单定额人工费			731.81
1.1	社会保险费	分部分项清单定额人工费+单价措施项目清单定额人工费			570.81
（1）	养老保险费	分部分项清单定额人工费+单价措施项目清单定额人工费	4878.72	7.5	365.90
（2）	失业保险费	分部分项清单定额人工费+单价措施项目清单定额人工费	4878.72	0.6	29.27
（3）	医疗保险费	分部分项清单定额人工费+单价措施项目清单定额人工费	4878.72	2.7	131.73
（4）	工伤保险费	分部分项清单定额人工费+单价措施项目清单定额人工费	4878.72	0.7	34.15
（5）	生育保险费	分部分项清单定额人工费+单价措施项目清单定额人工费	4878.72	0.2	9.76
1.2	住房公积金	分部分项清单定额人工费+单价措施项目清单定额人工费	4878.72	3.3	161.00
1.3	工程排污费	按工程所在地环境保护部门收取标准，按实计入			
2	销项增值税额	分部分项工程费+措施项目费+其他项目费+规费+创优质工程奖补偿奖励费-按规定不计税的工程设备金额-甲供材料（设备）设备费	28792.96	10	2879.30
合计					3611.11

注：规费依据《四川省建设工程造价管理总站关于印发〈四川省施工企业工程规费计取标准核定实施办法〉的通知》（川建价发〔2014〕34 号），费用计算的费率上限计取，见表 8.19。

表 8.19　规费标准

序号	规费名称	计费基础	规费费率/%
1	养老保险费	分部分项清单定额人工费+单价措施项目清单定额人工费	3.80～7.50
2	失业保险费	分部分项清单定额人工费+单价措施项目清单定额人工费	0.30～0.60
3	医疗保险费	分部分项清单定额人工费+单价措施项目清单定额人工费	1.80～2.70
4	工伤保险费	分部分项清单定额人工费+单价措施项目清单定额人工费	0.40～0.70
5	生育保险费	分部分项清单定额人工费+单价措施项目清单定额人工费	0.10～0.20
6	住房公积金	分部分项清单定额人工费+单价措施项目清单定额人工费	1.30～3.30

注：税金依据《四川省住房和城乡建设厅关于印发〈建筑业营业税改征增值税四川省建设工程计价依据调整办法〉调整的通知》（川建造价发〔2018〕392 号），按10%计取。

14. 承包人提供主要材料和工程设备一览表

承包人提供主要材料和工程设备一览表见表 8.20。

表 8.20 承包人提供主要材料和工程设备一览表（适用造价信息差额调整法）

工程名称：某中医院综合布线系统工程　　　　　　　　　　　　　　标段：

序号	名称、规格、型号	单位	数量	风险系数/%	基准单价/元	投标单价/元	发承包人确认单价/元	备注
1	手孔口圈	套	1.01		930.00			
2	落地配线柜 2200mm×800mm×800mm	台	1		1800.00			
3	落地配线柜 1200mm×600mm×600mm	个	2		1200.00			
4	光纤连接盘	块	3.03		210.89			
5	接地箱	台	1		155.00			
6	镀锌钢管 DN40	m	10.3		19.38			
7	镀锌钢管 DN80	m	10.3		40.04			
8	桥架	m	47.356		60.26			
9	盖板	m	47.356		15.90			
10	光缆	m	44.268		1.60			
11	电缆	m	19.788		3.60			
12	对绞电缆 HYA-50×2×0.5	m	14.043		16.91			
13	对绞电缆 HYA-30×2×0.5	m	10.558		10.84			
14	刚性阻燃塑料管 DN20	m	49.39		1.58			
15	刚性阻燃塑料管 DN32	m	22.99		2.74			
16	CAT6.0/4UTP	m	361.59		2.52			
17	双口非屏蔽 8 位模块式信息插座	个	12.12		63.31			
18	塑料暗装底盒 86 型	个	12.24		0.80			
19	尾纤（10m 双头）	根	18.36		3.40			

9

火灾自动报警工程计量与计价实例

9.1　某公司办公楼火灾自动报警工程计量与计价实例

1. 工程概况与设计说明

某公司办公楼，层高 4m，地上共四层。其火灾自动报警系统如图 9.1～图 9.5 所示。主要设备及材料图例见表 9.1。设计说明如下。

1）本楼的火灾报警系统主机设在一层，当发生火灾时楼内的主机向小区内消防主机发出信号。

2）在房间、走道等公共场所设置感烟探测器，在公共场所设有手动报警按钮、编码声光报警器。

3）当探测器、手动报警按钮报火警时，自动切断相应层的生活用电，启动编码声光报警器，提醒人员有序疏散。

4）水喷淋系统的水流指示器、信号阀和湿式报警阀处设置监视模块，将水流报警信号送到消防报警主机。

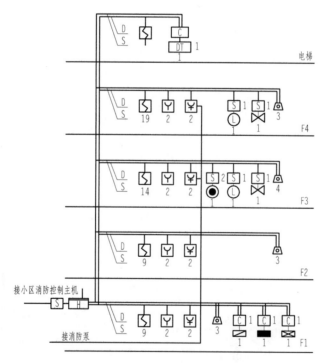

图 9.1　火灾自动报警系统立面图

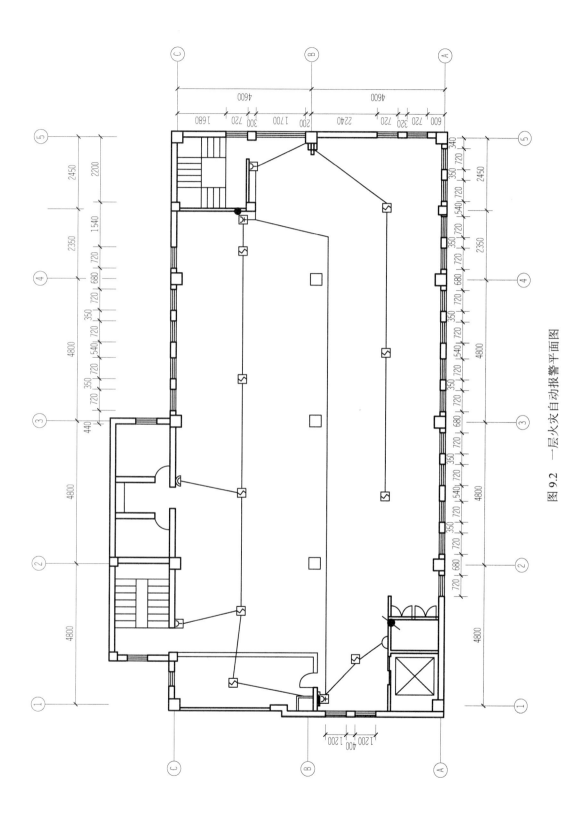

图 9.2 一层火灾自动报警平面图

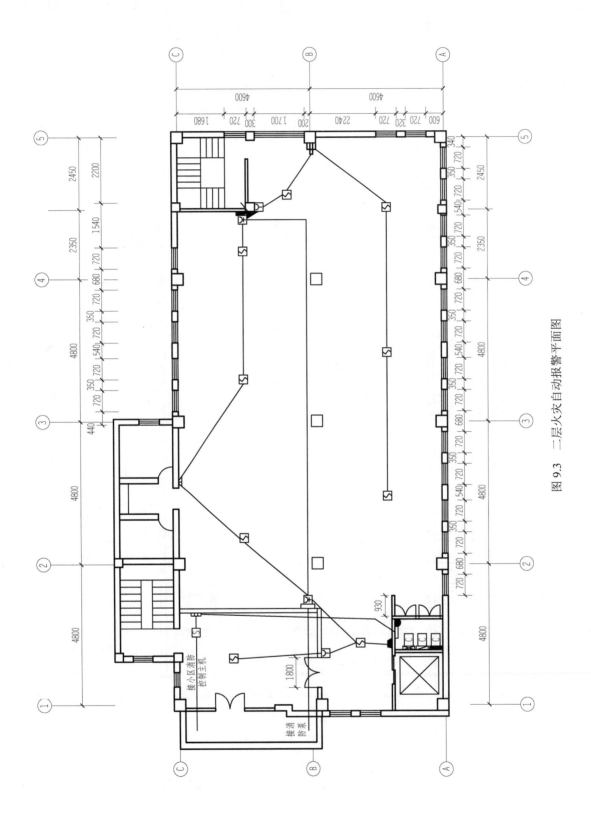

图 9.3　二层火灾自动报警平面图

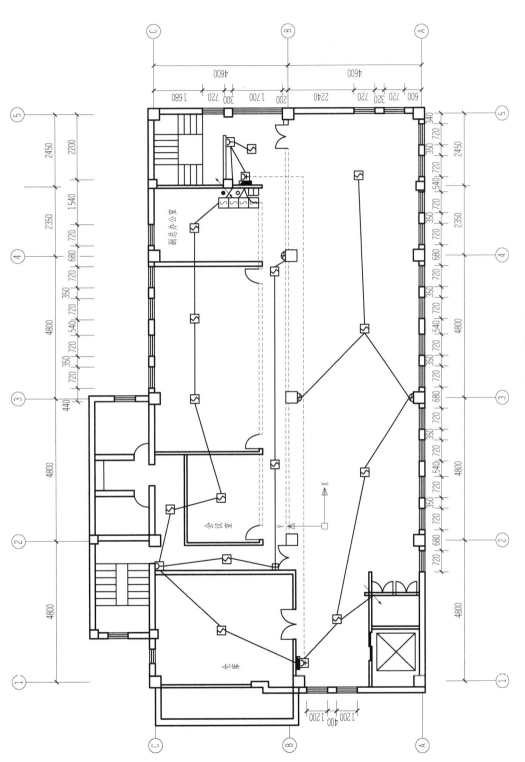

图 9.4 三层火灾自动报警平面图

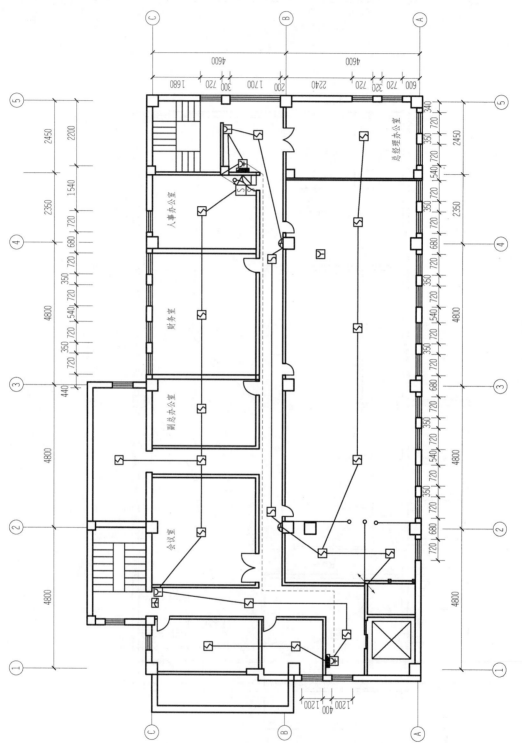

图 9.5　四层火灾自动报警平面图

表 9.1　主要设备及材料图例

图例	名称	图例	名称
⑤	感烟探测器	◉	湿式报警阀
Ⓒ	控制模块	Ⓛ	水流指示器
▱	动力配电柜	⋈	遥控信号阀
▢	火灾报警控制器	Ⓨ	手动报警装置
⚠	组合声光报警装置	Ⓢ	监视模块
■	照明配电柜	⊠	应急照明配电柜

2. 工程量计算

消防报警工程量计算见表 9.2。

表 9.2　消防报警工程量计算

序号	项目名称	单位	工程量	计算式
1	感烟探测器	个	52	9+9+14+19+1=52
2	手动报警装置	个	8	2+2+2+2=8
3	消火栓启泵按钮	个	8	2+2+2+2=8
4	组合声光报警装置	个	13	3+3+4+3=13
5	监视模块（单输入）	个	4	2+2=4
6	监视模块（多输入）	个	1	1
7	控制模块	个	4	3+1=4
8	火灾报警控制器	台	1	1
9	自动报警系统调试	系统	1	1
10	自动喷洒控制装置调试（水流指示器）	点	2	1+1=2
11	消火栓控制装置调试（消火栓按钮）	点	8	2+2+2+2=8

3. 工程量清单与计价

根据《通用安装工程工程量计算规范》（GB 50856—2013）及《四川省建设工程工程量清单计价定额——通用安装工程》（2015），编制消防报警系统工程分部分项工程量清单与计价表，见表 9.3；用到的主材单价见表 9.4，综合单价分析表见表 9.5。

表 9.3　消防报警系统工程分部分项工程量清单与计价表

序号	项目编码	项目名称	项目特征描述	计量单位	工程量	综合单价	合价	其中 暂估价
1	030904001001	点型探测器	1. 名称：感烟探测器 2. 线制：总线制 3. 类型：点型感烟探测器	个	52	73.22	3807.44	
	CJ0226	总线制感烟探测器		只	52			
2	030904003001	按钮	名称：手动报警装置	个	8	129.96	1039.68	
	CJ0236	按钮		只	8			

续表

序号	项目编码	项目名称	项目特征描述	计量单位	工程量	综合单价	合价	暂估价
3	030904003002	按钮	名称：消火栓启泵按钮	个	8	94.96	759.68	
	CJ0236	按钮		只	8			
4	030904005001	声光报警装置	名称：组合声光报警装置	个	13	502.39	6531.07	
	CJ0241	声光报警器		只	13			
5	030904008001	模块（模块箱）	1. 名称：模块 2. 类型：监视模块 3. 输出形式：单输入	个	4	213.59	854.36	
	CJ0249	报警接口		只	4			
6	030904008002	模块（模块箱）	1. 名称：模块 2. 类型：监视模块 3. 输出形式：多输入	个	1	253.59	253.59	
	CJ0249	报警接口		只	1			
7	030904008003	模块（模块箱）	1. 名称：模块 2. 类型：控制模块 3. 输出形式：单输出	个	4	222.18	888.72	
	CJ0247	控制模块（接口）单输出		只	4			
8	030904009001	区域报警控制箱	1. 线制：总线制 2. 安装方式：壁挂式 3. 控制点数：128 点以内	台	1	1979.94	1979.94	
	CJ0256	报警控制箱（壁挂式）≤128 点		台	1			
9	030905001001	自动报警系统调试	1. 点数：128 点以内 2. 线制：总线制	系统	1	9260.93	9260.93	
	CJ0312	自动报警系统调试≤128 点		系统	1			
10	030905002001	水灭火控制装置调试	系统形式：自动喷洒系统（水流指示器）	系统	1	7700.13	7700.13	
	CJ0317	水灭火控制装置调试≤200 点		系统	1			
11	030905002002	水灭火控制装置调试	系统形式：消火栓系统（消火栓按钮）	系统	1	7700.13	7700.13	
	CJ0317	水灭火控制装置调试≤200 点		系统	1			

表 9.4　用到的主材单价

序号	主材名称及规格	单位	单价/元	序号	主材名称及规格	单位	单价/元
1	感烟探测器	个	25.00	5	单输入监视模块	个	80.00
2	手动报警按钮	个	60.00	6	多输入监视模块	个	120.00
3	消火栓报警按钮	个	25.00	7	单输出控制模块	个	80.00
4	声光报警器	个	400.00	8	报警控制箱（壁挂式）	台	1400.00

表 9.5 综合单价分析表

工程名称：某公司办公楼火灾自动报警工程 　　　第1页　共2页

| 项目编码 | 030904001001 | 项目名称 | 点型探测器 | 计量单位 | 个 | 工程量 | 52 |

清单综合单价组成明细

定额编号	定额项目名称	定额单位	数量	单价/元				合价/元			
				人工费	材料费	机械费	综合费	人工费	材料费	机械费	综合费
CJ0226	总线制感烟探测器	只	52	34.80	3.89	0.66	8.87	1809.60	202.28	34.32	461.24
人工单价			小计					1809.60	202.28	34.32	461.24
85元/工日			未计价材料费					1300.00			
清单项目综合单价								73.22			

材料费明细	主要材料名称、规格、型号	单位	数量	单价/元	合价/元	暂估单价/元	暂估合价/元
	感烟探测器	个	52	25.00	1300.00		
	其他材料费						
	材料费小计			—	1300.00		

工程名称：某公司办公楼火灾自动报警工程 　　　第2页　共2页

| 项目编码 | 030904008003 | 项目名称 | 模块（模块箱） | 计量单位 | 个 | 工程量 | 4 |

清单综合单价组成明细

定额编号	定额项目名称	定额单位	数量	单价/元				合价/元			
				人工费	材料费	机械费	综合费	人工费	材料费	机械费	综合费
CJ0247	控制模块（接口）单输出	只	4	107.36	5.87	1.69	27.26	429.44	23.48	6.76	109.04
人工单价			小计					429.44	23.48	6.76	109.04
85元/工日			未计价材料费					320.00			
清单项目综合单价								222.18			

材料费明细	主要材料名称、规格、型号	单位	数量	单价/元	合价/元	暂估单价/元	暂估合价/元
	单输出控制模块	个	4	80.00	320.00		
	其他材料费						
	材料费小计			—	320.00		

9.2　某三层建筑火灾自动报警工程计量与计价实例

1. 工程概况与设计说明

1）某三层建筑火灾自动报警工程采用北京陆和消防保安设备有限公司生产的二总线智能火灾报警联动控制器，报警控制器设在一楼消防控制室。

2）线路采用阻燃铜芯线穿电线管敷设，手动报警按钮安装高度为距地1.5m，声光报警器安装高度为距地1.8m。

3）系统采用共用接地体，接地电阻不大于 1Ω，接地导线截面面积不小于 1.6mm²。

4）报警联动主机距地 1.4m，报警联动主机规格为 366mm×488mm×150mm，本工程层高为 3.3m。设防火阀、喷淋泵、水流指示器的输入/输出模块均安置在顶板上，吊顶高度为 2.8m，控制模块至防火阀的距离为 0.5m，控制模块至喷淋泵的距离为 2.8m。

主要设备及材料见表 9.6，某火灾自动报警平面图如图 9.6～图 9.9 所示。

表 9.6　主要设备及材料表

序号	名称	规格	图例	单位	数量	备注
1	报警联动主机	LH160X		套	1	
2	联动电源盘			套	1	
3	感烟探测器	LH210	⑤	只	69	
4	手动报警按钮	LH465B	Y	只	7	
5	声光报警器	LH10	◁	只	5	
6	控制模块	LH448B	CM	只	9	
7	信号模块	LH448A	M	只	3	
8	消火栓按钮		◎	只		

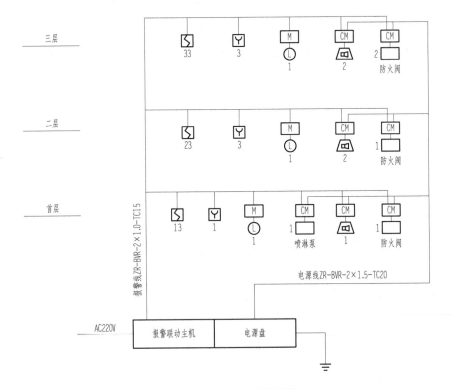

图 9.6　某火灾自动报警系统

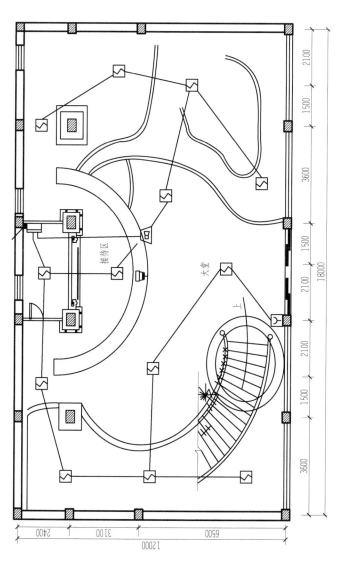

图 9.7 某火灾自动报警一层平面图

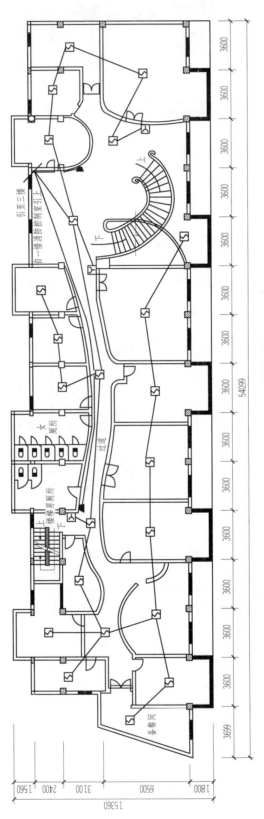

图 9.8 某火灾自动报警二层平面图

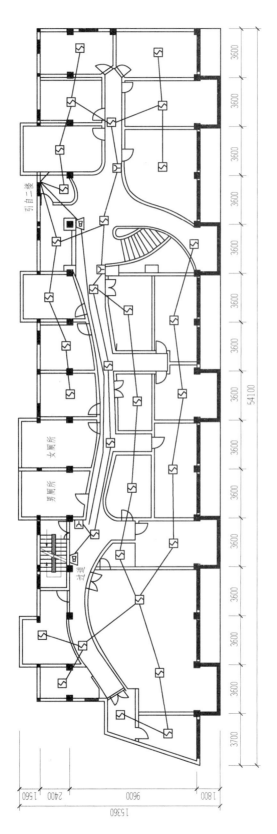

图 9.9　某火灾自动报警三层平面图

2. 工程量计算

一层：图样校核比例为 1:65，消防报警工程量计算见表 9.7。

表 9.7　一层消防报警工程量计算

序号	项目名称	单位	工程量	计算式
1	电气配管 DN20	m	7.2	立引上：(3.3-1.4-0.49)+0.6×0.65+2×0.65+4×0.65+(3.3-1.8)=7.2
2	电气配管 DN15	m	51.96	立引上：(3.3-1.4-0.49)+(0.4+2)×0.65+6.4×0.65+5.5×0.65+10.5×0.65+6.8×0.65+7×0.65+4×0.65+(3.3-1.5)+4×0.65+5×0.65+6.5×0.65+4.4×0.65+5.5×0.65+7×0.65=51.96
3	电气配线：ZR-BVR-1.5	m	16.11	2×[7.2+(0.366+0.488)]=16.11
4	电气配线：ZR-BVR-1.0	m	105.63	2×[51.96+(0.366+0.488)]=105.63
5	φ20 金属软管	m	13.6	(3.3-1.8)+0.5+2.8+0.5+0.5×13+(3.3-1.5)=13.6
6	感烟探测器	个	13	
7	手动报警按钮	个	1	
8	报警联动一体机	台	1	
9	声光报警器	个	1	
10	备用电源	台	1	
11	信号模块	个	1	
12	控制模块	个	4	
13	接线盒	个	21	
14	自动报警系统调试	系统	1	

二层：图样校核比例为 1:200，消防报警工程量计算见表 9.8。

表 9.8　二层消防报警工程量计算

序号	项目名称	单位	工程量	计算式
1	电气配管 DN20	m	37.71	立引上：(3.3-1.4+3.3-0.49)+2×[1.1+1.2+5.8+2+1.9+3+(3.3-1.8)]=37.71
2	电气配管 DN15	m	136.91	立引上：(3.3-1.4+3.3-0.49)+(1.8+5.7+1.9)×2+(3.3-1.5)+(1.5+1.8+1.9+5.5+0.7)×2+(3.3-1.5)+(2.1+2.1+2.2+2.1+2+2.5+2.1+3+2.4+2.6+2.9+3+3+1.8+1.8+3+2.6+1.4)×2+(3.3-1.5)=136.91
3	φ20 金属软管	m	20.9	(3.3-1.8)×2+0.5+0.5+0.5×23+(3.3-1.5)×3=20.9
4	电气配线：ZR-BVR-1.5	m	77.13	2×[37.71+(0.366+0.488)]=77.13
5	电气配线：ZR-BVR-1.0	m	275.53	2×[136.91+(0.366+0.488)]=275.53
6	感烟探测器	个	23	
7	手动报警按钮	个	3	
8	声光报警器	个	2	
9	信号模块	个	1	
10	控制模块	个	3	
11	接线盒	个	34	

三层：图样校核比例为 1:200，消防报警工程量计算见表 9.9。

表 9.9 三层消防报警工程量计算

序号	项目名称	单位	工程量	计算式
1	电气配管 DN20	m	39.61	立引上：(6.6-1.4+3.3-0.49)+2.1×2+(3.3-1.8)+2×(3+2.6+2.7+2.9+1)+(3.3-1.8)=39.61
2	电气配管 DN15	m	169.21	立引上：(6.6-1.4+3.3-0.49)+(2.2+2+1.9+1.7+2.1+2)×2+(3.3-1.5)+(1.7+1.9+2.3+2+1.8+1.9+1.7+1.4+0.8)×2+1.7×2+(3.3-1.5)+(0.8+2.7+2.8+3.3+0.7)×2+(3.3-1.5)+(1.7+3.8+3.1+2.4+1.8+2.7+1.5+1.6+2.7+2.2+1.9+2.4+2.6+2.8+2.6+2.7)×2=169.21
3	电气配线：ZR-BVR-1.5	m	80.93	2×[39.61+(0.366+0.488)]=80.93
4	电气配线：ZR-BVR-1.0	m	340.13	2×[169.21+(0.366+0.488)]=340.13
5	ϕ20 金属软管	m	29.4	0.5×2+(3.3-1.8)×2+0.5+(3.3-1.5)×3+33×0.5=29.4
6	感烟探测器	个	33	
7	手动报警按钮	个	3	
8	声光报警器	个	2	
9	信号模块	个	1	
10	控制模块	个	4	
11	接线盒	个	45	

消防报警工程量汇总见表 9.10。

表 9.10 消防报警工程量汇总

序号	项目名称	单位	工程量	计算式
1	电气配管 DN20	m	84.52	7.2+37.71+39.61=84.52
2	电气配管 DN15	m	358.08	51.96+136.91+169.21=358.08
3	电气配线：ZR-BVR-1.5	m	174.17	16.11+77.13+80.93=174.17
4	电气配线：ZR-BVR-1.0	m	721.28	105.63+275.53+340.13=721.28
5	ϕ20 金属软管	m	63.9	13.6+20.9+29.4=63.9
6	感烟探测器	个	69	13+23+33=69
7	手动报警按钮	个	7	1+3+3=7
8	报警联动一体机	台	1	1
9	声光报警器	个	5	1+2+2=5
10	备用电源	台	1	1
11	信号模块	个	3	1+1+1=3
12	控制模块	个	10	3+3+4=10
13	接线盒	个	100	21+34+45=100
14	自动报警系统调试	系统	1	1

3. 工程量清单与计价

依据《通用安装工程工程量计算规范》（GB 50856—2013）及《四川省建设工程工程量清单计价定额——通用安装工程》（2015），编制消防报警系统工程分部分项工程量清单与计价表，见表 9.11；用到的主材单价见表 9.12，综合单价分析表见表 9.13。

表 9.11　消防报警系统工程分部分项工程量清单与计价表

序号	项目编码	项目名称	项目特征描述	计量单位	工程量	综合单价	合价	其中暂估价
1	030411001001	配管	1. 名称：电气配管 2. 材质：电线管 3. 规格：DN20 4. 配置形式：沿砖、混凝土结构暗配	m	84.52	22.07	1865.36	
	CD1416	砖、混凝土结构暗配，电线管公称直径≤20mm		100m	0.8452			
2	030411001002	配管	1. 名称：电气配管 2. 材质：电线管 3. 规格：DN15 4. 配置形式：沿砖、混凝土结构暗配	m	358.08	19.60	7018.37	
	CD1415	砖、混凝土结构暗配，电线管公称直径≤15mm		100m	3.5808			
3	030411001003	配管	1. 名称：电气配管 2. 材质：金属软管 3. 规格：ϕ20 4. 配置形式：明配	m	63.9	48.19	3079.34	
	CD1621	公称管径≤20mm，每根管长≤500mm		10m	6.39			
4	030411004004	配线	1. 名称：管内穿线 2. 型号：ZR-BVR 3. 规格：1.5mm² 4. 材质：铜芯	m	174.17	2.03	353.57	
	CD1730	铜芯导线截面面积≤1.5mm²		100m	1.7417			
5	030411004005	配线	1. 名称：管内穿线 2. 型号：ZR-BVR 3. 规格：2.0mm² 4. 材质：铜芯	m	721.28	2.67	1925.82	
	CD1731	铜芯导线截面面积≤2.5mm²		100m	7.2128			
6	030411006006	接线盒	1. 名称：接线盒 2. 安装形式：暗装	个	100	5.048	504.80	
	CD1914	暗装接线盒		10 个	10			
7	030904001007	点型探测器	1. 名称：感烟探测器 2. 线制：总线制 3. 类型：点型感烟探测器	个	69	73.22	5052.18	
	CJ0226	总线制感烟探测器		只	69			
8	030904003008	手动报警装置	名称：手动报警按钮	个	7	129.96	909.72	
	CJ0236	按钮		只	7			
9	030904005009	声光报警装置	名称：组合声光报警装置	个	5	502.39	2511.95	
	CJ0241	声光报警器		只	5			
10	030904008010	模块	1. 名称：模块 2. 类型：信号模块 3. 输出形式：单输入	个	3	213.59	640.77	
	CJ0249	报警接口		只	3			

续表

序号	项目编码	项目名称	项目特征描述	计量单位	工程量	综合单价	合价	其中暂估价
11	030904008011	模块	1. 名称：模块 2. 类型：控制模块 3. 输出形式：单输出	个	10	222.18	2221.80	
	CJ0247	控制模块（接口）单输出		只	10			
12	030904016012	备用电源及电池主机（柜）	1. 名称：备用电源 2. 容量：500W 3. 安装方式：落地式	套	1	3231.20	3231.20	
	CJ0303	备用电源及电池主机柜		台	1			
13	030904017013	报警联动一体机	1. 线制：总线线制 2. 控制回路 3. 安装方式：壁挂式	台	1	6721.44	6721.44	
	CJ0304	壁挂式≤500 点		台	1			
14	030905001014	自动报警系统调试	1. 点数：128 点以内 2. 线制：总线制	系统	1	9260.23	9260.23	
	CJ0312	自动报警系统调试≤128 点		系统	1			

表 9.12　用到的主材单价

序号	主材名称及规格	单位	单价/元	序号	主材名称及规格	单位	单价/元
1	电线管 DN20	m	16.00	8	手动报警按钮	个	60.00
2	电线管 DN15	m	14.00	9	声光报警器	个	400.00
3	φ20 金属软管	m	3.20	10	单输入监视模块	个	80.00
4	ZR-BVR-1.5	m	1.01	11	单输出控制模块	个	80.00
5	ZR-BVR-2.0	m	1.53	12	备用电源 LH01C	台	2800.00
6	接线盒	个	0.35	13	报警联动一体机 LH160-128	台	3000.00
7	感烟探测器	个	25.00				

表 9.13　综合单价分析表

工程名称：某三层建筑火灾自动报警工程　　　　　　　　　　　　　　　　　　　　第 1 页　共 9 页

项目编码	030411001001		项目名称		配管		计量单位	m	工程量	84.52

清单综合单价组成明细

定额编号	定额项目名称	定额单位	数量	单价/元				合价/元			
				人工费	材料费	机械费	综合费	人工费	材料费	机械费	综合费
CD1416	砖、混凝土结构暗配，电线管公称直径≤20mm	100m	0.8452	350.05	84.10	36.23	88.84	295.86	71.08	30.62	75.09
人工单价		小计						295.86	71.08	30.62	75.09
85 元/工日		未计价材料费						1392.96			
清单项目综合单价								22.07			

材料费明细	主要材料名称、规格、型号	单位	数量	单价/元	合价/元	暂估单价/元	暂估合价/元
	电线管 TC20	m	87.06	16.00	1392.96		
	其他材料费						
	材料费小计				1392.96		

工程名称：某三层建筑火灾自动报警工程　　　　　　　　第2页 共9页

项目编码	030411004004	项目名称	配线	计量单位	m	工程量	174.17

清单综合单价组成明细

定额编号	定额项目名称	定额单位	数量	单价/元				合价/元			
				人工费	材料费	机械费	综合费	人工费	材料费	机械费	综合费
CD1730	铜芯导线截面面积≤1.5mm² 单线	100m 单线	1.7417	58.14	14.4	—	13.37	101.26	25.08	—	23.29
人工单价		小计						101.26	25.08	—	23.29
85 元/工日		未计价材料费						204.06			
清单项目综合单价								2.03			

材料费明细	主要材料名称、规格、型号	单位	数量	单价/元	合价/元	暂估单价/元	暂估合价/元
	ZR-BVR-1.5	m	202.04	1.01	204.06		
	其他材料费						
	材料费小计				204.06		

工程名称：某三层建筑火灾自动报警工程　　　　　　　　第3页 共9页

项目编码	030411006006	项目名称	接线盒	计量单位	个	工程量	100

清单综合单价组成明细

定额编号	定额项目名称	定额单位	数量	单价/元				合价/元			
				人工费	材料费	机械费	综合费	人工费	材料费	机械费	综合费
CD1914	暗装接线盒	10 个	10	26.7	14.07	—	6.14	267	140.7	—	61.4
人工单价		小计						267.00	140.70	—	61.40
85 元/工日		未计价材料费						35.70			
清单项目综合单价								5.048			

材料费明细	主要材料名称、规格、型号	单位	数量	单价/元	合价/元	暂估单价/元	暂估合价/元
	接线盒	个	102	0.35	35.70		
	其他材料费						
	材料费小计			—	35.70		

工程名称：某三层建筑火灾自动报警工程　　　　　　　　第4页 共9页

项目编码	030904001007	项目名称	点型探测器	计量单位	个	工程量	69

清单综合单价组成明细

定额编号	定额项目名称	定额单位	数量	单价/元				合价/元			
				人工费	材料费	机械费	综合费	人工费	材料费	机械费	综合费
CJ0226	总线制感烟探测器	只	69	34.80	3.89	0.66	8.87	2401.2	268.41	45.54	612.03
人工单价		小计						2401.2	268.41	45.54	612.03
85 元/工日		未计价材料费						1725.00			
清单项目综合单价								73.22			

续表

材料费明细	主要材料名称、规格、型号	单位	数量	单价/元	合价/元	暂估单价/元	暂估合价/元
	感烟探测器	个	69	25.00	1725.00		
	其他材料费						
	材料费小计			—	1725.00		

工程名称：某三层建筑火灾自动报警工程　　　　　　　　　　　　第5页 共9页

项目编码	030904003008	项目名称		手动报警装置		计量单位	个	工程量	7

清单综合单价组成明细

定额编号	定额项目名称	定额单位	数量	单价/元				合价/元			
				人工费	材料费	机械费	综合费	人工费	材料费	机械费	综合费
CJ0236	按钮	只	7	50.73	5.20	1.08	12.95	355.11	36.4	7.56	90.65
人工单价		小计						355.11	36.40	7.56	90.65
85 元/工日		未计价材料费						420.00			
清单项目综合单价								129.96			

材料费明细	主要材料名称、规格、型号	单位	数量	单价/元	合价/元	暂估单价/元	暂估合价/元
	手动报警按钮	个	7	60.00	420.00		
	其他材料费						
	材料费小计			—	420.00		

工程名称：某三层建筑火灾自动报警工程　　　　　　　　　　　　第6页 共9页

项目编码	030904005009	项目名称		声光报警装置		计量单位	个	工程量	5

清单综合单价组成明细

定额编号	定额项目名称	定额单位	数量	单价/元				合价/元			
				人工费	材料费	机械费	综合费	人工费	材料费	机械费	综合费
CJ0241	声光报警器	只	5	71.97	11.41	0.81	18.20	359.85	57.05	4.05	91
人工单价		小计						359.85	57.05	4.05	91
85 元/工日		未计价材料费						2000.00			
清单项目综合单价								502.39			

材料费明细	主要材料名称、规格、型号	单位	数量	单价/元	合价/元	暂估单价/元	暂估合价/元
	声光报警器	个	5	400.00	2000.00		
	其他材料费						
	材料费小计			—	2000.00		

工程名称：某三层建筑火灾自动报警工程　　　　　　　　　　　　第7页 共9页

项目编码	030904008001	项目名称		模块		计量单位	个	工程量	3

清单综合单价组成明细

定额编号	定额项目名称	定额单位	数量	单价/元				合价/元			
				人工费	材料费	机械费	综合费	人工费	材料费	机械费	综合费
CJ0249	报警接口	只	3	101.46	4.26	2.00	25.87	304.38	12.78	6.00	77.61
人工单价		小计						304.38	12.78	6.00	77.61
85 元/工日		未计价材料费						240.00			
清单项目综合单价								213.59			

材料费明细	主要材料名称、规格、型号	单位	数量	单价/元	合价/元	暂估单价/元	暂估合价/元
	单输入监视模块	个	3	80.00	240.00		
	其他材料费						
	材料费小计			—	240.00		

工程名称：某三层建筑火灾自动报警工程　　　　　　　　　　第8页　共9页

项目编码	030904017013	项目名称	报警联动一体机	计量单位	台	工程量	1

清单综合单价组成明细

定额编号	定额项目名称	定额单位	数量	人工费	材料费	机械费	综合费	人工费	材料费	机械费	综合费
CJ0304	壁挂式≤500点	台	1	2774.30	37.29	173.02	736.83	2774.30	37.29	173.02	736.83
人工单价		小计						2774.30	37.29	173.02	736.83
85元/工日		未计价材料费						3000			
清单项目综合单价								6721.44			

材料费明细	主要材料名称、规格、型号	单位	数量	单价/元	合价/元	暂估单价/元	暂估合价/元
	报警联动一体机 LH160-128	台	1	3000	3000		
	其他材料费						
	材料费小计			—	3000		

工程名称：某三层建筑火灾自动报警工程　　　　　　　　　　第9页　共9页

项目编码	030905001014	项目名称	自动报警系统调试	计量单位	系统	工程量	1

清单综合单价组成明细

定额编号	定额项目名称	定额单位	数量	人工费	材料费	机械费	综合费	人工费	材料费	机械费	综合费
CJ0312	自动报警系统调试≤128点	系统	1	6302.49	187.72	955.52	1814.50	6302.49	187.72	955.52	1814.50
人工单价		小计						6302.49	187.72	955.52	1814.50
85元/工日		未计价材料费									
清单项目综合单价								9260.23			

材料费明细	主要材料名称、规格、型号	单位	数量	单价/元	合价/元	暂估单价/元	暂估合价/元
	其他材料费						
	材料费小计						

参 考 文 献

霍海娥，2018. 安装工程计量与计价[M]. 北京：科学出版社.

建设部标准定额研究所，2008. 全国统一安装工程预算定额解释汇编[M]. 北京：中国计划出版社.

建设工程工程量清单计价规范编制组，2013. 建设工程工程量清单计价规范宣贯辅导教材[M]. 北京：中国计划出版社.

景巧玲，冯钢，2011. 安装工程计量与计价实训[M]. 北京：北京大学出版社.

沈阳市城乡建设委员会，中国建筑东北设计研究院，沈阳山盟建设（集团）公司，等，2004. 建筑给水排水及采暖工程施工质量验收规范：GB 50242—2002[S]. 北京：中国标准出版社.

四川省建设工程造价管理总站，2015. 四川省建设工程工程量清单计价定额安装工程[M]. 北京：中国计划出版社.

王全杰，宋芳，黄丽华，2014. 安装工程计量与计价实训教程[M]. 北京：化学工业出版社.

吴心伦，2012. 安装工程造价[M]. 3 版. 重庆：重庆大学出版社.

冶金工业部，2000. 全国统一安装工程预算定额[M]. 北京：中国计划出版社.

中华人民共和国住房和城乡建设部，2013. 通用安装工程工程量计算规范：GB 50856—2013[S]. 北京：中国计划出版社.

中华人民共和国住房和城乡建设部，2014. 智能建筑工程施工质量验收规范：GB 50339—2013[S]. 北京：中国建筑工业出版社.

中华人民共和国住房和城乡建设部，2016. 建筑电气工程施工质量验收规范：GB 50303—2015[S]. 北京：中国建筑工业出版社.

中华人民共和国住房和城乡建设部，2017. 通风与空调工程施工质量验收规范：GB 50243—2016[S]. 北京：中国计划出版社.

中华人民共和国住房和城乡建设部，中华人民共和国国家质量监督检验检疫总局，2013. 建设工程工程量清单计价规范：GB 50500—2013[S]. 北京：中国计划出版社.